U0027736

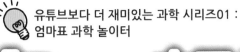
유튜브보다 더 재미있는 과학 시리즈01：
엄마표 과학 놀이터

全家一起玩科學實驗遊戲01

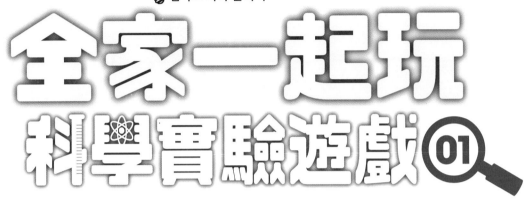

50個科學遊戲 ×6大生活素材，拉近孩子與科學的距離

☼ 作者 韓知慧 한지혜 · 孔先明 공선명
趙昇珍 조승진 · 柳潤煥 류윤환

☼ 譯者 賴毓棻

前言

幫助孩子探索對科學的渴望

　　科學離我們的日常生活很近，不管是大事還是小事，它都佔據了我們生活中許多不可或缺的部分。然而，在這個處處皆科學的世界裡，還是有很多人覺得被它難倒。

　　孩子們光想到自然、生物、化學、物理等科目就感到「壓力山大」。使用各種實驗器材來上課對他們來說也是如此，只要一開始解說起教科書中出現的概念和原理，通常就會有一半左右的人關上耳朵了！

　　接下來換成家長的立場來看看。這和國語或數學不同，光是要教導孩子「科學」相關科目，就不是件容易的事情。為了替孩子講解書中的概念而親自準備道具做實驗，想要在現實生活中落實這個做法其實非常困難。但若只是以解題的方式來解說課本上的概念和原理，說不定又會招致反效果。

　　學生基於各種不同的原因開始遠離科學，而父母則是把科學教育完全交付給學校和補習班。這麼一來，孩子在家裡不就學不到科學了嗎？難道他們必須只能在外面學習科學嗎？現在就讓《全家一起玩科學實驗遊戲》來告訴你答案。

　　孩子會對有趣的事物感到興趣，到目前為止，智慧型手機和Youtube對他們來說是最有趣的。智慧型手機不但佔據了孩子們的手和眼睛，更是虜獲了他們的精神和心靈。雖然情況會依地區而有所不同，但快的地方在小學一年級時可能除了班上2～3個孩子外，其他全都持有智慧型手機。根據韓國國家統計入口網站的統計數據，小學生每天平均使用智慧型手機的時間超過三個小時以上。全體青少年使用智慧型手機的比例佔大約80%，出現過度依賴智慧型手機危險群症狀的比例大約佔了30%。即使如此，我們也不須一味的限制孩子使用手機或收看Youtube，而是要以更有趣的東西來吸引住他們的視線。請想想看，有什麼東西比手機和Youtube還更有趣呢？

現在就邀請各位進入科學的遊戲區！只要跟著我們一起，就算在家中也能處處見到科學，這真的非常有趣。本書可以幫助學生和家長輕鬆踏出邁向科學的步伐，並降低了科學這道高牆。從現在開始，各位只要抱持使用這本書開心玩耍的態度就行了，請試著與科學一起同樂吧！一旦沉迷其中，孩子就連吃飯的時間也會忘得一乾二淨。我就是抱持著希望孩子能夠沉浸於科學遊戲中的期待才寫了這本書。

　　這個科學遊樂園裡的遊樂設施都是以日常生活中能夠輕易取得的材料完成，同時也涵蓋了物理、化學、生物和地球科學等多樣領域，並收錄與國小課程內容相關的50種科學遊戲，讓孩子在玩樂之餘也能輕鬆學習。開心的科學遊戲結束後，陪伴者還能透過簡單的提問，讓孩子學習課本中的科學概念是如何與書中的遊戲結合。

　　在開始面臨到「科學」這個科目前，可以先讓幼兒園及低年級的學生當成簡單有趣的科學遊戲來接觸科學；3、4年級的學生除了進行課本上的實驗，也能透過進行各種遊戲來對於剛開始學的科學產生興趣；而5、6年級的學生則可以在各個遊戲中親眼確認科學概念和原理是如何運用，並深入學習科學這個科目，甚至還可更進一步用自己的方法來玩各種遊戲。當然，我指的是玩《全家一起玩科學實驗遊戲》的趣味遊樂設施。

　　「誰也不能教別人一些什麼，只能幫助他從自己的內心發現。」

　　這是哥白尼曾說過的話，現在是個玩樂的時代，寓教於樂正是現在學習的潮流，而邊玩邊學也成為了教育的方法之一。不要勉強教孩子科學，而是要透過遊戲幫助他們發現自己想要學習的欲望。

韓知慧

 **目錄**

Part 1 用寶特瓶 玩科學

Part 2 用吸管 玩科學

Part 3 用迴紋針 玩科學

成為小小科學創客學習進度表

1st	2nd	3rd	4th	5th
做得好！ 闖關成功！		！	！	！
6th	7th	8th	9th	10th
11th	12th	13th	14th	15th
16th	17th	18th	19th	20th
21th	22th	23th	24th	25th
26th	27th	28th	29th	30th
31th	32th	33th	34th	35th
36th	37th	38th	39th	40th
41th	42th	43th	44th	45th
46th	47th	48th	49th	50th 我要成為 科學創客！

科學遊戲闖關指南

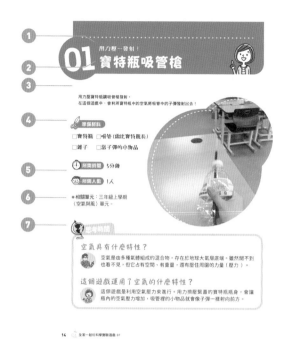

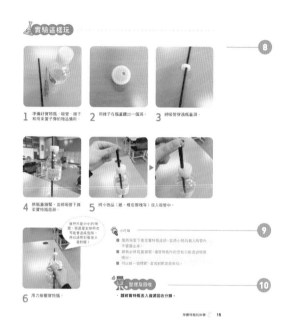

① **遊戲副標題**：可愛的遊戲暱稱。

② **遊戲標題**：遊戲的名稱。

③ **遊戲說明**：用簡短的1、2句話說明遊戲象徵的科學概念。如果能和孩子一起大聲朗讀之後再進行遊戲就更棒了！

④ **準備材料**：這些都是我們身邊可以輕易取得的物品，可以由父母準備或請小孩自行準備。

⑤ **所需時間、所需人數**：所需時間僅供參考，實際需要的時間有可能更長或更短。所需人數也請自行依照實際情況調整。

⑥ **相關單元**：這裡根據108課綱，介紹國小自然科學科目與遊戲相關的單元。遊戲進行時，可在一旁擺上課本，一邊進行遊戲一邊翻看，順便預習或複習上課內容。

⑦ **思考時間**：可以先由家長看過，在遊戲結束之後向孩子提問，接著再以孩子能夠理解的語言替他們說明。這樣書中介紹的活動不僅止於有趣的遊戲，更可以擴展孩子對科學的好奇心。

⑧ **實驗這樣玩**：這裡有配合遊戲順序的照片和說明，請試著放手讓孩子循序漸進的主導整個遊戲，父母在一旁引導就好。不一定要照著書上的順序進行，就算沒有成功也沒關係，因為最重要的並不是結果，而是整個過程。只要能以「你覺得怎麼樣？」、「為什麼會出現這種結果？」等提問來啟發孩子思考，這項科學遊戲就成功了。

⑨ **小叮嚀**：讓遊戲進行得更加順暢的小訣竅。

⑩ **整理及回收**：每項物品的整理及回收方法都不一樣。請確實落實善後工作，當一個關心地球和環境的兒童。

親子共玩安全守則
一定要請大人幫忙！

1 用錐子在瓶蓋上鑽洞時，一定要請大人幫忙！
因為必須要很大力的使用尖銳物品，這時可能會造成危險。

2 玩水的時候，一定要請大人幫忙！
水潑到地板時會很滑，有可能會不小心因此滑倒。

3 要使用鋒利的剪刀時，一定要請大人幫忙！
可以使用兒童安全剪刀，如果使用一般剪刀，就要加倍注意。

4 在彎曲或夾迴紋針時，一定要請大人幫忙！
迴紋針是鐵製物品，非常堅硬，不會輕易改變形狀，需要用到非常大的力氣。

5 在幫氣球打氣時，一定要請大人幫忙！
使用充氣筒打氣時，不小心氣球就會爆炸，可能造成耳朵疼痛。

6 利用人體進行遊戲時，一定要請大人幫忙！
在玩到忘我時，很可能會不小心就遭遇危險瞬間。

7 遊戲全部結束後的整理時間，請在大人的協助之下由孩子主導收拾！

8 一定要參考各項遊戲下方列出的規則！

科學玩家推薦
聽聽看，媽媽們怎麼說？

用這本書玩科學的過程可說是各取所需。孩子們認為這是在玩，我認為是在學習，能夠滿足所有人的需求真是太好了！雖然三個孩子的年齡都不一樣，但即使是進行相同的遊戲，從老大到老三都能依照各自不同的深度理解，一開始的遊戲是由我主導，到現在看著老大帶著弟妹遊玩，讓我感到欣慰不已。最近我只需要幫忙準備一些簡單的材料就好，而且這些材料都是能從家中輕易取得，又不複雜，所以非常方便。

三寶媽（5歲、6歲、3年級）

到目前為止都是由我親自指導孩子的學習。雖然國語、數學這些科目我都能教得很好，但說到科學可就差強人意。在這個過程中，讓我在本書中找到許多充滿創意又有趣，並可以親自指導孩子科學的方法，真是太感謝了。孩子在第一次遇到「科學」這個科目前就已經先接觸過本書，因此得以懷抱對於科學的興趣升上三年級，這點讓我感到非常滿足。我想即使是老師在課堂中使用這本書為孩子授課，也能達到水準相當高的教學品質。

擔任國小老師的媽媽（2年級）

在養育一對兄弟的過程中，一定會要求他們不要做危險的事情。可是現在竟然能用我曾經說過危險的材料來玩遊戲，讓他們感到十分新奇。因為我家孩子比較散漫，所以之前一直都要求他們乖乖坐好寫習作評量，從沒想過可以在玩樂中學習，真是讓我大開眼界。進行書中各種科學遊戲，讓玩樂不只是消磨時間，真可說是寓教於樂。

一對小學兄弟的媽（1年級、5年級）

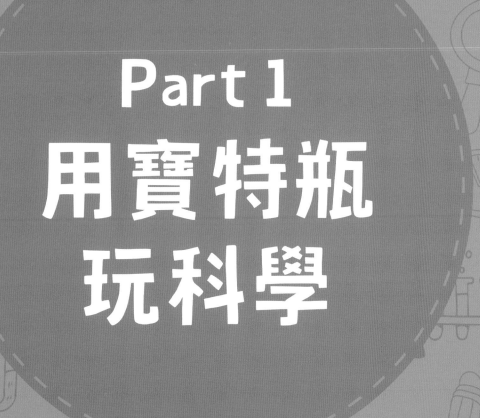

Part 1
用寶特瓶玩科學

01

用力壓～發射！

寶特瓶吸管槍

用力壓寶特瓶讓吸管槍發射。
在這個遊戲中，會利用寶特瓶中的空氣將吸管中的子彈發射出去！

準備材料

☐ 寶特瓶　☐ 吸管(需比寶特瓶長)

☐ 錐子　　☐ 當子彈的小物品

所需時間　5分鐘

所需人數　1人

● 相關單元：三年級上學期
〈空氣與風〉單元。

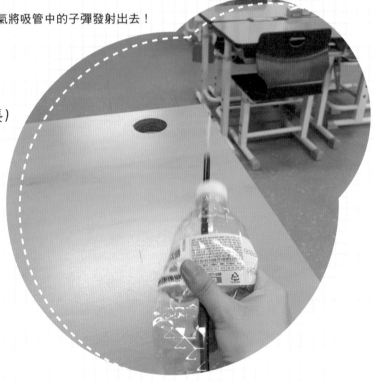

思考時間

空氣具有什麼特性？

空氣是由多種氣體組成的混合物，存在於地球大氣層底端。雖然聞不到也看不見，但它占有空間、有重量，還有壓住周圍的力量（壓力）。

這個遊戲運用了空氣的什麼特性？

這個遊戲是利用空氣壓力來進行。用力擠壓緊蓋的寶特瓶瓶身，會讓瓶內的空氣壓力增加，吸管裡的小物品就會像子彈一樣射向前方。

實驗這樣玩

1 準備好寶特瓶、吸管、錐子和用來當子彈的物品備用。

2 用錐子在瓶蓋鑽出一個洞。

3 將吸管穿過瓶蓋洞。

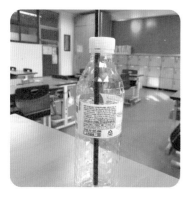

4 將瓶蓋鎖緊，並將吸管下推至寶特瓶底部。

5 將小物品（紙、橡皮擦塊等）放入吸管中。

6 用力按壓寶特瓶。

> 雖然只是小小的物體，但速度太快時也可能會造成危險，所以請勿對著他人發射喔！

小叮嚀

- 請將吸管下推至寶特瓶底部，並將小物品裝入吸管內不要露出來。
- 請務必將瓶蓋鎖緊，讓寶特瓶內的空氣只能透過吸管噴出。
- 可以做一個標靶，當成射靶遊戲來玩。

 **整理及回收**

· **請將寶特瓶丟入資源回收分類。**

02 吹氣水槍

吹口氣，呼～發射！

請吹吸管來發射水槍！
在這個遊戲中我們會將吸管插在裝水的寶特瓶上，並對著吸管吹氣讓水噴出。

準備材料

☐ 寶特瓶　☐ 可彎吸管2根

☐ 錐子　　☐ 剪刀　☐ 膠帶

 所需時間 5分鐘

 所需人數 1人

●相關單元：三年級上學期
〈空氣與風〉單元。

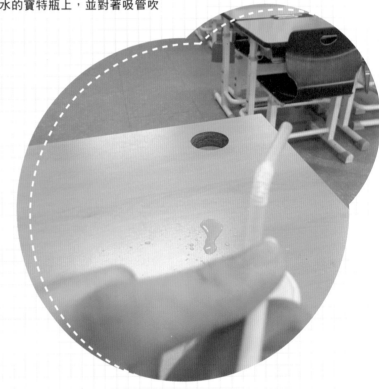

 思考時間

只是對著吸管吹一口氣，為什麼水會噴出來呢？

當我們將空氣吹進吸管，進入吸管的空氣會把原本待在吸管內的水擠開，位置讓給空氣後，水只好往外溢出。

生活周遭有什麼東西也是運用空氣壓力的原理？

有疏通阻塞馬桶專用的馬桶疏通器和活塞式注射筒等。

實驗這樣玩

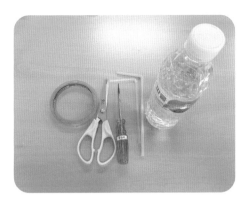

1 準備好寶特瓶、2根可彎吸管、錐子、剪刀和膠帶備用。

> 使用錐子時，請在大人陪同下安全進行！

2 用錐子在瓶蓋上鑽出兩個洞。

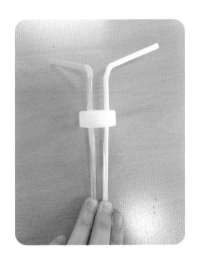

3 將2根可彎吸管插入瓶蓋的洞裡。

4 在寶特瓶中裝入大約六分滿的水。

> 可以在戶外進行這項遊戲，不用擔心水會噴出來。

5 請試著對其中一根吸管用力吹氣。

 小叮嚀

■ 對著吸管用力吹氣時，水就會從反方向用力噴出。
■ 可以調整前面的吸管，往自己想要的方向噴水。

 整理及回收

· 請將用過的水倒入排水孔丟棄。
· 請將寶特瓶丟入資源回收分類。

03

小心！請勿打開瓶蓋！

不漏水的破洞瓶

一起來發現空氣的壓力。
如果在裝滿水的寶特瓶上鑽洞會發生什麼事呢？
現在就讓我們來用空氣的壓力讓朋友嚇一跳吧！

 準備材料

□水　□圖釘

□1.5L寶特瓶　　□油性筆

 所需時間 5分鐘

所需人數 1人

● 相關單元：
三年級上學期〈空氣與風〉單元。

 思考時間

如果將寶特瓶的瓶蓋打開，會發生什麼變化？

將瓶蓋打開的瞬間，水就會流出來。在裝滿水並鎖緊瓶蓋的狀態下，洞外的空氣壓力會水讓水無法流出。但將瓶蓋打開後，空氣從瓶口上方進入寶特瓶中，導致水流出。

有什麼方法可以確認空氣雖然看不見卻存在的事實呢？

可以試著吹氣球、感受一下風或搧扇子。

1 準備好水、圖釘、1.5L寶特瓶和油性筆備用。

> 請在水流出來也沒關係的地方進行遊戲。

2 將寶特瓶裝滿水。

3 將寶特瓶的瓶蓋鎖緊。

4 用油性筆大大寫上「注意！請勿打開瓶蓋」的警示句。

> 用圖釘鑽洞時，請找大人幫忙！

5 用圖釘在寶特瓶的側面鑽出大約5個洞。

6 稍微將瓶蓋轉開，觀察一下會出現什麼現象。

7 再次將瓶蓋鎖緊。

8 將寶特瓶放在顯眼的地方。

小叮嚀

■ 用圖釘在寶特瓶上鑽洞時，寶特瓶會因受到擠壓而從洞口流出一些水，最好能先鋪上一條毛巾再進行這個步驟。

整理及回收

· **請將寶特瓶丟入資源回收分類。**

04 噗嚕嚕～火山爆發！
彩色水底火山

我們只要在染色的水中倒入油，再投入維他命發泡錠，
就能觀察沸騰滾動的自製熔岩喔！

 準備材料

☐ 染色的水　☐ 油

☐ 維他命發泡錠　　☐ 寶特瓶

 所需時間　5分鐘

 所需人數　1人

● 相關單元：六年級上學期
〈地表的變化〉單元。

 思考時間

熔岩具有什麼特徵？

熔岩指的是地底下的岩漿噴出地面後的物質，此時熔岩的溫度高達
1100℃，足以將金、銀融化。

要怎麼做才能讓水底火山的熔岩更活躍？

只要增加維他命發泡錠的數量就可以了，也可使用較大的寶特瓶或加
入更多的水和油。

可以多進行幾次，找出最合適的油水比例喔！

1 將色素滴入裝水的寶特瓶中，並準備好油、維他命發泡錠備用。

2 在染色的水中加入約水量3/5的油。

3 投入維他命發泡錠。

4 觀察瓶中液體的變化。

 小叮嚀

■ 可以使用色素、顏料、有顏色的茶來製作染色的水。

■ 也可將瓶蓋鎖上進行觀察，但當瓶內氣壓太大時，可將瓶蓋稍微轉開。

整理及回收

· 請將裝過液體的寶特瓶洗淨後丟入資源回收分類。

05 空氣砲

只要將蠟燭周圍的氣體擠開，燭火就會熄滅。
在這個遊戲中利用了寶特瓶和氣球，
做成可以將燭火熄滅的空氣砲。

準備材料

□寶特瓶　□氣球　□膠帶

□紙杯　　□蠟燭　□打火機

 所需時間　15分鐘

所需人數　1人

● 相關單元：三年級上學期
〈空氣與風〉單元。

思考時間

為何只要吹氣，蠟燭就會熄滅？

蠟燭是由「石蠟」組成。點燃蠟燭後，由固體變成液體的石蠟會沿著燭芯上升變為氣體，讓燭火得以持續燃燒。當我們用吹氣，燭火會熄滅，是因為風吹走燭芯周圍的氣態石蠟（燃料）。

空氣砲運用了什麼科學原理？

將氣球拉住後放開，氣球中的空氣會將瓶口的空氣擠出去，這些空氣就會將蠟燭芯周圍的氣態石蠟吹散。

1 準備好寶特瓶、氣球、紙杯、蠟燭和打火機備用。

2 用剪刀將寶特瓶剪成兩半。

💡 小叮嚀

■ 也可試著改變寶特瓶的大小來玩這個遊戲。

■ 可以和朋友比比看誰做的空氣砲比較強。

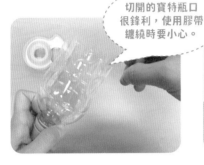

> 切開的寶特瓶口很鋒利,使用膠帶纏繞時要小心。

3 用膠帶包覆先前用剪刀剪出的鋒利切口。

4 將氣球剪成兩半。

5 拉一下氣球末端,然後馬上放開!

6 用膠帶將氣球牢牢的固定在寶特瓶上。

> 使用剪刀和蠟燭時,一定要有大人陪同喔!

7 將蠟燭插在紙杯上,並以膠帶固定好底部後,再用大砲瞄準固定好的蠟燭。

8 拉一下氣球末端,然後馬上放開!

💡 小叮嚀

■ 若用疊高的紙杯塔來代替蠟燭,並試著以空氣砲擊垮也很有趣喔!

♻ 整理及回收

· 請將用完的空氣砲拆解成氣球和寶特瓶,將寶特瓶丟入資源回收分類,其它丟入一般垃圾分類。

06 快來吧！小蟲子～
製作捕蟲罐

利用捕蟲植物的特徵來製作捕蟲罐。
在這個遊戲中，會試著用寶特瓶和水果等做出與豬籠草相似的捕蟲罐。

準備材料

☐水果　☐有色膠帶　☐剪刀

☐錐子　☐放大鏡　☐寶特瓶

🕐 **所需時間** 15分鐘

😀 **所需人數** 2人

●**相關單元：**
三年級上學期〈植物大發現〉單元、
五年級上學期〈植物的奧妙〉單元。

思考時間

捕蟲植物具有什麼特徵？

豬籠草的葉緣有蜜腺，會散發甜蜜氣味引誘昆蟲。昆蟲會坐在蜜液上吸蜜，最後滑落瓶肚區。因為分泌物很滑，使獵物無法輕易逃走。

昆蟲為什麼無法爬到罐子外面？

在這個遊戲中塑膠杯是陷阱，昆蟲會爬進陷阱裡吃誘餌。當昆蟲在下去吃完誘餌想爬上來時，就會因為塑膠杯又長又滑而爬不出來。

實驗這樣玩

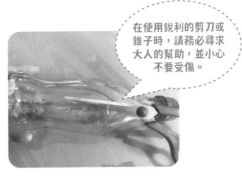

在使用銳利的剪刀或
錐子時，請務必尋求
大人的幫助，並小心
不要受傷。

1 準備好水果、彩色膠帶、剪
刀、錐子、放大鏡和寶特瓶
備用。

2 將寶特瓶剪成兩半。

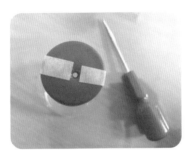

3 將酸酸甜甜的水果切成小塊
備用。

4 用錐子在上半部的寶特瓶蓋
上鑽一個洞。

5 在下半部的寶特瓶中放入水
果以用來引誘昆蟲。

小叮嚀

■ 捕蟲罐是利用捕蟲草特性製
作出來的道具。寶特瓶光滑
的入口扮演著捕蟲草葉片的
作用。
請試著利用各種捕蟲植物的
特性來製作一下不同造型的
補蟲罐吧！

6 將上半部的寶特瓶倒過來放
入下半部寶特瓶中，並用彩
膠帶將寶特瓶固定好。

7 將捕蟲罐放在通風良好的地
方，每隔3～4個小時就去
觀察一下瓶中的情況。

整理及回收

· **請將用過的寶特瓶丟入資源
回收分類。**
· **請將使用過的水果丟入廚餘
分類。**

07

上上下下、載浮載沉！
滴管潛水艇

按一下滴管，空氣密度就會變大。
在這個遊戲中我們只要對滴管裡的空氣施壓，潛水艇就會下沉。

 準備材料

☐1.5L寶特瓶　☐杯子　☐水

☐拋棄式滴管3支

☐油性筆　☐迴紋針9個　☐剪刀

 所需時間 15分鐘

 所需人數 1人

●相關單元：四年級下學期
〈生活中的力〉單元。

 思考時間

夾著迴紋針的滴管潛水艇為什麼會浮在水面上？

「密度」表示在一個空間內含有多少物質。裝滿水的滴管潛水艇上因為夾了迴紋針，密度比水還大，應該要下沉，但滴管潛水艇內又有空氣。空氣的密度比水還小，所以滴管潛水艇會浮在水面上。

如果壓一下寶特瓶，滴管潛水艇會發生什麼事情？

用手壓住寶特瓶的瞬間，寶特瓶內的空氣會被湧上的水壓縮，導致潛水艇的密度變得比一開始還大，所以才會下沉。

1 準備好1.5L寶特瓶、杯子、3支拋棄式滴管、油性筆、9個迴紋針和剪刀備用。

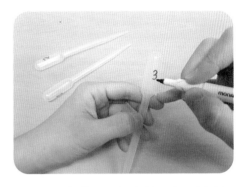

2 用油性筆在3支滴管頭上分別寫下①～③的編號。

3 用剪刀將滴管頭下面的部分剪掉，其他滴管也以相同方式處理好備用。

也可以使用比迴紋針更重的六角螺絲來塞在滴管洞口。

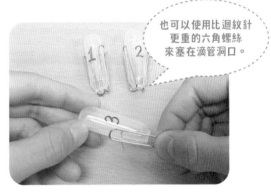

4 在每個滴管頭夾上3支迴紋針。

5 準備好一個裝著水的杯子，接著用滴管吸水。先用手按住滴管頭放入杯中，再將手鬆開，滴管就會吸水了。

6 不要將滴管吸滿水，要稍微擠出一點，滴管頭才會稍微露出水面。

一開始將滴管潛水艇放入水中時，①、②、③號漂浮的高度必須一樣，實驗結果才會準確。

只要稍微擠掉一點水，就能讓潛水艇在寶特瓶中間漂浮。

7 在1.5L寶特瓶內裝一些水後，放入1號滴管，讓它浮在水面上。

8 分別將②號滴管擠掉3滴水、③號滴管擠掉6滴水後放入寶特瓶中。

9 將寶特瓶剩餘的空間裝滿水，並鎖緊瓶蓋。

小叮嚀

■ 若將滴管潛水艇內的水擠掉太多，那不管再怎麼用力壓寶特瓶，潛水艇都不太會向下沉。

整理及回收

· 將迴紋針拆下重新利用，滴管及寶特瓶丟入資源回收分類。

10 用手壓住寶特瓶時，可以看到從①號開始依序下沉；鬆手時可以觀察到這些潛水艇又重新浮上水面。

我的科學筆記 ·

☆ **最喜歡的實驗是哪一個？**

_____

_____

☆ **為什麼會喜歡這個實驗？**

_____

_____

☆ **這個實驗的原理是什麼？**

_____

_____

☆ **其他心得**

_____

_____

_____

Part 2
用吸管
玩科學

08 超堅固吸管架

雖然很輕，但卻撐得住重物喔！

三角形有助於支撐結構！
在這個遊戲中，我們利用結構穩定的三角形，做出足以支撐
厚重書本的吸管結構模型。

準備材料

□吸管　　□膠帶

□剪刀

所需時間　20分鐘

所需人數　1人

● 相關單元：四年級下學期
〈變動的大地〉單元。

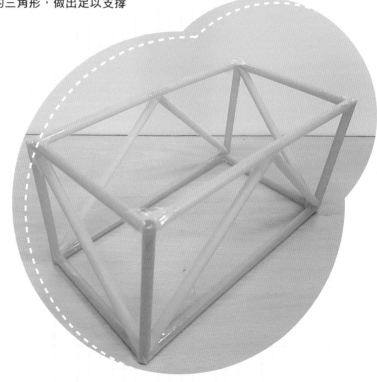

思考時間

可以支撐重物的結構具有什麼特徵？

這是桁架結構。桁架是一種用三角形將材料連接而成的結構。只要觀察一下橋型，就能確認三個三角形在同一頂點相遇。桁架結構可將重量分散到不同地方，所以能支撐重量。

什麼形狀可以安穩的支撐外力？

三角形。只要從圓形、四方形等形狀的旁邊擠推或上方施壓，馬上就會變形，但三角形可說是非常穩定。

1 準備好吸管、膠帶和剪刀備用。

2 用剪刀和膠帶,將吸管連接成長方形。

💡 **小叮嚀**

■ 可以使用熱熔膠代替膠帶,但一定要請大人在旁邊協助!

3 連接兩個對角線,變成一個三角形。

4 將吸管末端修尖會比較容易連接。

5 共做出兩個相同的形狀。

> 將每一根吸管牢固的連接起來。

6 將第5步驟的兩個成品連接起來。

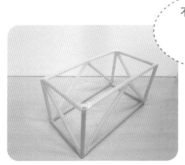

7 如圖做出對角線。

> 不要一開始就放很重的書,請一點一點的增加重量。

8 將書本放到吸管結構上,測試能放幾本?

💡 **小叮嚀**

■ 可利用三角形做出其他的衍架結構,並測試看看能夠承重到什麼程度。

🗑 **整理及回收**

· **請將吸管和膠帶拆解後丟棄。**

09 吹吹看Do Re Mi Fa Sol～
吸管排笛

用吸管排笛來演奏歌曲吧！
在這個遊戲中，我們會使用不同長度的吸管做出樂器並進行演奏。

準備材料

□吸管　　□膠帶

□剪刀

 所需時間　5分鐘

 所需人數　1人

●相關單元：六年級上學期
〈聲音與樂器〉。

 思考時間

樂器發出聲音的科學原理是什麼？

當物體震動時，也會震動周圍的空氣而產生聲音。當我們吹奏吸管排笛時，長度不同的吸管內部空氣會震動，進而發出不同聲音。吸管越厚，發出的聲音就會越大且低沉；反之則越細越高。

聲音會隨著吸管長度不同出現什麼變化？

吸管長度不同，聲音的高低音色也會不同。吸管越長，空氣震動頻率越低，會發出低音；吸管越短，空氣震動頻率越高，因此發出高音。

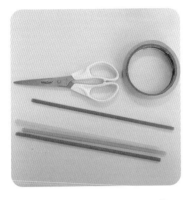

1 準備好吸管、剪刀和膠帶備用。

2 將吸管剪成不同的長度。

 小叮嚀

▨ 厚吸管可發出較為準確的聲音喔！

3 將吸管依長度排列。

4 用膠帶固定住吸管的下半部。

> 必須要對準吸管排笛的末端吹氣，聲音才會更響亮。

5 拿起吸管排笛，試著向裡面吹氣看看。

 小叮嚀

▨ 吸管長度越多元，就能發出越多種聲音。

 **整理及回收**

‧ **請將吸管丟入資源回收分類。**

10 觀察身體的骨骼！
吸管猜拳

試著用吸管做出手指並移動用吸管做的手指關節，
和朋友一起玩剪刀、石頭、布吧！

準備材料

□吸管　　□毛線　□剪刀

□簽字筆　□膠帶

 所需時間 15分鐘

 所需人數 1人

●相關單元：五年級下學期
〈動物大觀園〉單元。

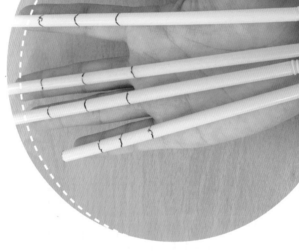

 思考時間

吸管和毛線分別代表我們人體中的哪個部位？

吸管代表的是骨骼，毛線代表的則是肌肉。

手指具有什麼特徵？

手臂骨骼中的手指可輕鬆彎曲或伸展，並可進行多種精細活動。這時
肌肉會骨骼相連，並藉由伸長或縮短來活動我們的身體。

1 準備好吸管、毛線,剪刀、簽字筆和膠帶備用。

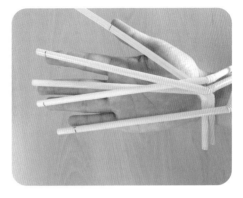

2 對照自己實際的手指長度,用簽字筆畫出記號。

3 用剪刀將標示處剪掉。

4 將吸管放到手指上,並用簽字筆做出讓手指彎曲的指節處。

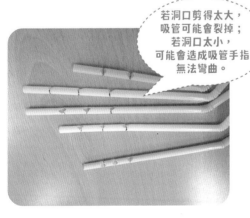

> 若洞口剪得太大,
> 吸管可能會裂掉;
> 若洞口太小,
> 可能會造成吸管手指
> 無法彎曲。

小叮嚀

▓ 使用厚吸管製作的效果會更好。

▓ 在剪吸管洞時,洞口要全部朝下。

▓ 用膠帶黏住五根吸管手指時,記得要全部朝下。

5 依照標示線,用剪刀剪出約吸管半徑的小洞,並讓洞口朝下。

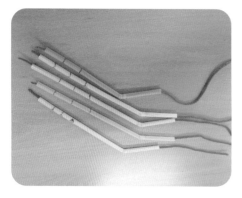

6 將毛線分別穿入5根吸管。

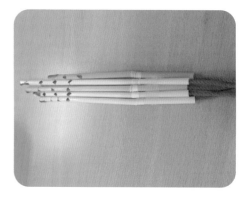

7 用膠帶將各吸管的線頭黏好，並將所有吸管的末端緊緊黏在一起。注意，所有吸管的洞口都要朝下。

8 拉動毛線玩猜拳遊戲。

9 拉動所有毛線時就能做出石頭；不拉毛線時就能做出布；拉動食指和中指之外的毛線就能做出剪刀。

整理及回收

· 請將毛線和吸管拆解。

· 請將剪吸管洞時落下的吸管碎屑丟入一般垃圾。

11

製造不一樣形狀的泡泡！

方形泡泡機

洗碗精能讓水展成薄膜狀喔！
在這個遊戲中我們會先用毛根做出箱形，接著再試著用箱形做出方形泡泡。

準備材料

☐毛根12條　　☐吸管12支　　☐剪刀

☐杯子　　☐洗碗精

☐糖稀（或麥芽糖）

☐有深度的水族箱

所需時間　20分鐘

所需人數　1人

●相關單元：三年級下學期
〈千變萬化的水〉單元。

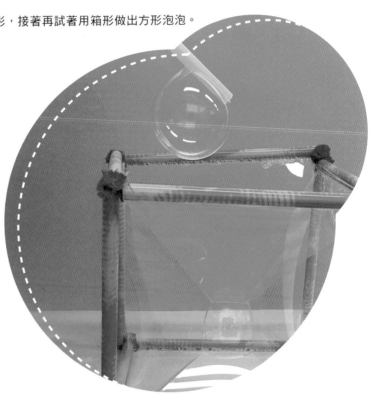

思考時間

為什麼大多數的肥皂泡都是圓形的？

液體讓表面積變小的力量叫「表面張力」。水的表面張力雖強，但與洗碗精混合後會變弱，因此才能吹出肥皂泡。而肥皂泡之所以是圓形，是因為用來承裝空氣的最小表面積形狀就是球狀。

為什麼可以做出方形的肥皂泡呢？

這也和表面張力有關。肥皂水會附著在箱形的邊緣，為了將表面積縮到最小，泡泡自然就會呈現箱子的形狀。但如果仔細的觀察肥皂泡，會發現它還是略圓的形狀。

1 準備好毛根、吸管、剪刀、杯子、洗碗精、糖稀（麥芽糖）和有深度的水族箱。

2 用剪刀剪出12根14公分長的毛根及12根12公分長的吸管備用。

3 將每3根毛根扭轉在一起，固定成照片中的形狀。

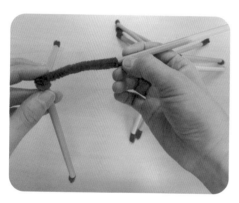

4 將吸管分別套在每一根毛根上。

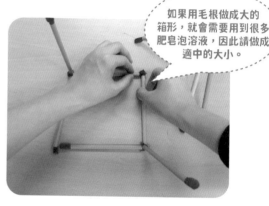

> 如果用毛根做成大的箱形，就會需要用到很多肥皂泡溶液，因此請做成適中的大小。

5 將交會的各個頂點扭轉固定，做成箱子的形狀。

6 做好之後會變成這種形狀。

> 也可以混入果糖或少許麵粉來取代糖稀（麥芽糖）。

7 在裝好水的水箱中各倒入1杯洗碗精和1杯糖稀（麥芽糖）後攪拌均勻。

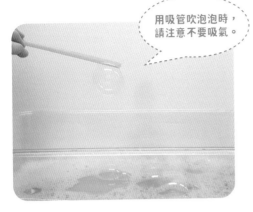

用吸管吹泡泡時，
請注意不要吸氣。

8 先用吸管吹吹看，確定能吹出泡泡。

9 將用毛根做出的箱形完全泡入水箱一下後，再拿出來。

10 輕輕搖動箱形，就會形成照片中的這種薄膜，請小心的放到地上。

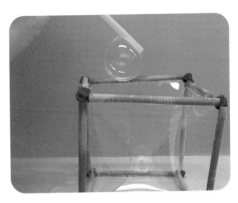

11 用吸管吹一個大泡泡，輕輕放在箱形上。

12 肥皂泡會跑到中間，形成一個方形的泡泡。

💡 **小叮嚀**

■ 也可以試著用毛根做出其他造型的肥皂泡模型。

 整理及回收

· 請將箱子放在地面上時產生的水漬擦乾淨。

12 木棒塔疊疊樂

看誰能疊得最高？

利用棒狀材料疊成高塔！
請試著在不倒塌的情況下，將各種棒狀物層層疊起。

準備材料

□棒狀物（冰棒棍、竹筷、
牙籤、吸管等）

所需時間 5分鐘

所需人數 1人

●相關單元：四年級上學期
〈認識物質與物質的變化〉單元。

思考時間

要怎麼做才能將木棒疊得更高呢？

必須要抓住平衡。所謂平衡就是不傾斜。在堆疊木棒的過程中，防止力
量偏向一邊，這樣才能使力量穩定分散，堆疊出又高又堅固的木棒塔。

1 準備好棒狀物（冰棒棍、竹筷、牙籤、吸管等）備用。

2 將棒狀物一根根疊起。

3 繼續疊成高塔。

4 可以疊成三角形的塔。

高塔倒塌時，請小心不要受傷。

5 也可用牙籤或竹筷來進行這項遊戲。

💡 小叮嚀

▪ 可使用竹筷、牙籤、吸管、樹枝等各種物品來進行這項遊戲。
▪ 要疊成四方或三角形都可以。

 整理及回收

・雖然竹筷是用木頭或竹子製成的，但請丟入一般垃圾分類。

13 吸管木筏

漂來蕩去～出發囉！

利用浮力能讓硬幣浮在水面上。
在這個遊戲中，我們會利用吸管木筏試著讓容易沉入水中的硬幣浮起來。

準備材料

☐ 吸管 　 ☐ 剪刀

☐ 膠帶 　 ☐ 硬幣

所需時間 3分鐘

所需人數 1人

● 相關單元：四年級下學期
〈生活中的力〉單元。

思考時間

硬幣為什麼會沉入水中？

浮力是推動物體上升的力量，但硬幣是連中心都非常堅硬又沉重的金屬塊，幾乎沒有任何浮力，因此會沉入水中。

為什麼吸管能讓硬幣浮起來？

浮力是推動物體上升的力量。吸管是將塑膠展成薄片後製成，裡面充滿空氣，因此容易浮在水上（浮力很大），所以只要利用幾根吸管就能讓硬幣浮起來。

1 準備好吸管、膠帶、剪刀和硬幣備用。

2 將吸管剪成適當的長度。

> 如果吸管木筏的側面或洞口浸水，木筏就會沉下去。

3 用膠帶將吸管並排黏成木筏的樣子，並封住吸管口。

4 將吸管木筏輕放在水面上。

5 一次放上一個硬幣。

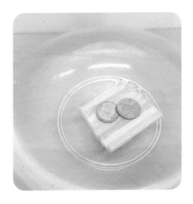

6 實驗看看最多可以放上幾個硬幣。

 小叮嚀

■ 用吸管做成的木筏面積越大，就能擺放越多硬幣。
■ 可以和朋友使用相同數量的吸管做成木筏後再比比看誰的木筏可以擺放最多硬幣。
■ 根據硬幣堆疊的方式不同，能夠擺放的數量也不一樣。

 整理及回收

· 請將塑膠吸管丟入資源回收分類。

14 吸管迷宮

用小彈珠快速走出吸管迷宮吧！
請抓好你的迷宮底座，藉由傾斜或晃動用彈珠完成迷宮挑戰。

☐吸管　　☐小彈珠

☐珍珠板　　☐膠帶　　☐剪刀

 所需時間　15分鐘

 所需人數　1人或多人皆可

● 相關單元：五年級下學期
〈力與運動〉單元。

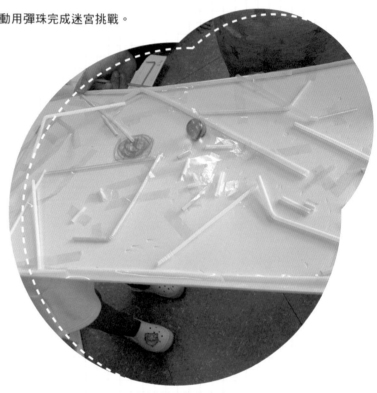

 思考時間

吸管迷宮運用了什麼科學原理？

位能指的是位於某個位子上的物品具有的能量，而動能指的則是運動中的物品所具有的能量。遊戲中出現位能與動能間的變化，藉此讓彈珠動了起來。

如果不想讓彈珠掉下來，該怎麼做才好？

在保持珍珠板水平的情況下移動彈珠。

小小的彈珠容易不見，可以用紙杯先裝起來保管。

可以用更高的粗吸管試試看效果如何？

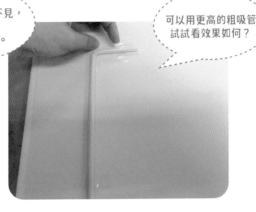

1 準備好吸管、彈珠、珍珠板、膠帶和剪刀備用。

2 用膠帶將吸管黏在珍珠板上，做成迷宮的樣子。

3 逐一增加吸管做出路線。

4 用剪刀調整吸管的長短，做出多變的路線。

5 迷宮完成了！

6 標出起點和終點。

7 放上彈珠,並滾動彈珠試著走出迷宮。這項遊戲可以自己一個人玩,也可以好幾個人合力一起玩。

8 可以做成各式各樣的迷宮。

 小叮嚀

■ 可以使用其他大小不同的珠子、保麗龍球或碎紙捏成的球等代替彈珠來進行遊戲。
■ 可以做成立體迷宮。
■ 可以自己一個人玩,也可以和朋友抓著迷宮板一起玩,以培養團隊合作精神。

整理及回收

· 請將珍珠板摺成小塊丟入一般垃圾分類。
· 請將長吸管丟入資源回收分類,剪下來的小截吸管丟入一般垃圾分類。

15 金牌到手～
金牌到手～
體操紙偶

製作抓住平衡、正在做體操的紙人偶。
在這項遊戲中請試著利用重心做出可以翻滾好幾圈的體操人偶。

 準備材料

□珍珠板2塊（8 X 8 cm 以上）

□長竹籤吸管 □圖畫紙

□尺 □美工刀

□膠水 □簽字筆

 所需時間 20分鐘

 所需人數 1人

● 相關單元：四年級上學期
〈認識物質與物質的變化〉單元。

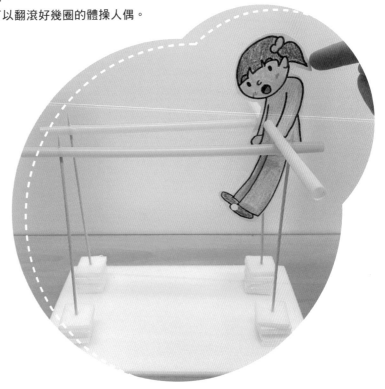

 思考時間

要怎麼樣才能做出可以翻滾很久的人偶？

必須在找好重心後插上吸管，並抓出良好的平衡才行。「重心」顧名
思義就是物體重量的中心點及平衡點。

要怎麼找到人偶的重心？

用指尖立起人偶，找到不會傾斜的位置，就是重心。當輕輕推動紙人
偶時，就能看到它不停旋轉到底，因為作為轉軸的吸管正是紙人偶的
重心所在。

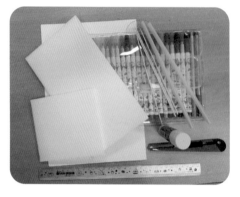

1 準備好珍珠板、竹籤、吸管、紙、尺、美工刀、膠水和簽字筆備用。

2 將珍珠板裁成16塊2cm×2cm的大小。

在進行這項活動時，請小心不要被長竹籤的尖端處刺到。

3 將裁好的珍珠板每四塊疊在一起，並用膠水固定。

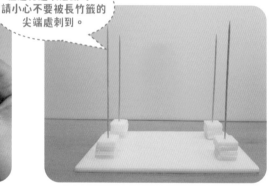

4 將用珍珠板做成的方塊貼在珍珠板的四個角落，並插上4支長竹籤。

如果人偶畫在太薄的紙張上，重心會不好抓，建議使用像圖畫紙這種較厚一點的紙張。

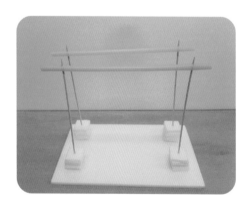

5 在竹籤頂端以平行的方式插上2根吸管。

6 在厚紙上畫出懸吊在單槓上的人偶圖案。

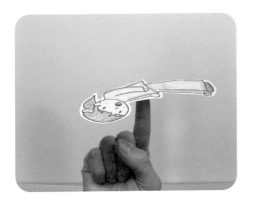

7 將紙人偶放在指尖，找出不會偏向任何一邊傾斜的重心。

8 在該位置穿一個洞並插入吸管。

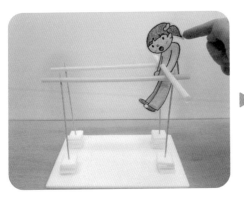 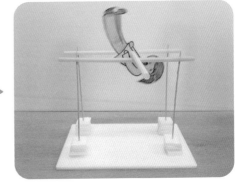

9 將紙人偶放在平行的吸管上，並輕推一下人偶的頭部。

 **整理及回收**

· 請將吸管及珍珠板丟入資源回收分類，長竹籤丟入一般垃圾分類。

16 吸管雲霄飛車

降落！降落！向下滾動吧！

用吸管也能打造出雲霄飛車。
讓彈珠在吸管打造出的雲霄飛車軌道上滾動吧！

 準備材料

☐ 吸管　　☐ 紙杯

☐ 彈珠　　☐ 膠帶

🕐 **所需時間** 15分鐘

😀 **所需人數** 1人或多人皆可

● 相關單元：五年級下學期
〈力與運動〉單元。

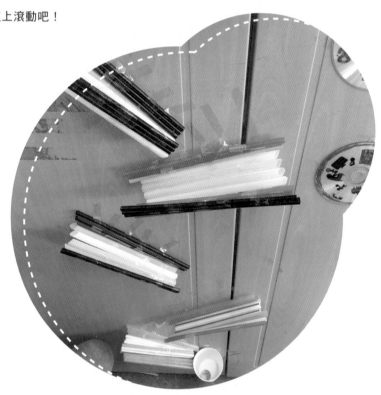

🌏 **思考時間**

吸管雲霄飛車運用了什麼科學原理？

位於起點的彈珠具有很高的位能，當彈珠開始移動順著軌道向下滾動時，位能就會轉變為動能。這個遊戲正是運用了位能和動能的變化。

如何在玩雲霄飛車的同時，不讓彈珠掉出去？

只要將吸管雲霄飛車的軌道向內集中就可以了。

1 準備好吸管、彈珠、剪刀、膠帶和紙杯備用。

2 先在紙上畫出雲霄飛車軌道的設計圖。

如果吸管斜度不夠，彈珠可能會無法順利向下掉。

3 用膠帶將吸管固定在乾淨的牆面上，做成軌道。

可依照著原本構想的設計圖為基礎，並隨時進行修改。

4 隨時滾動一下彈珠並反覆進行修改。

5 也可以將好幾根吸管黏在一起，做成較寬的軌道。

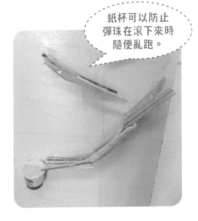

紙杯可以防止彈珠在滾下來時隨便亂跑。

6 在雲霄飛車軌道的終點黏一個紙杯。

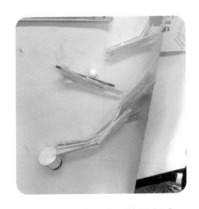

7 滾動彈珠。也可使用桌球代替。

8 可以做成各種不同的樣子。

💡 小叮嚀

■ 可以只用1根吸管來做，也能將好幾根吸管黏成一排做成軌道。

■ 可依據吸管傾斜的角度來調整彈珠滾動的速度。

整理及回收

· **請將吸管丟入回收分類。**

17

為什麼能浮在半空中呢？

漂浮桌球

快速經過物體表面的空氣會減少壓力。
一起來觀察看看不管吹得再用力也不會往外跑的桌球吧？

 準備材料

☐ 加蓋的寶特瓶

☐ 桌球　☐ 可彎吸管

☐ 錐子　☐ 膠帶　☐ 美工刀

 所需時間　**20分鐘**

 所需人數　**1人**

● 相關單元：三年級上學期
〈空氣與風〉單元。

思考時間

為什麼桌球不會輕易的跑到寶特瓶外？

這和空氣的氣流有關。數學家白努利（Daniel Bernoulli）在觀察空氣的氣流時，發現了驚人的事實：當空氣快速經過物體表面時，空氣的壓力就會減少；若緩慢的經過物體表面時，空氣的壓力就會增加。在漂浮桌球上也能發現相同的原理。當用力吹氣時，桌球旁的空氣速度很快，因此力量較小。反之，位於外側的空氣由於空氣量不變，力量相對較大，桌球會因空氣流動產生的力量差異而無法隨便向外跑，只在道具內上下的移動。

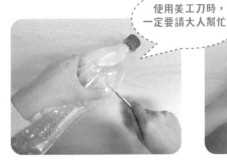

使用美工刀時，
一定要請大人幫忙。

1 準備好加蓋的寶特瓶、
桌球、可彎吸管、錐子、
膠帶和美工刀。

2 用美工刀沿著膠帶的邊界切
割寶特瓶，並用膠帶黏住寶
特瓶的切面，以確保安全。

3 用錐子在寶特瓶蓋上鑽一個
可以讓吸管穿過去的洞。

將吸管穿過寶特瓶蓋後，
要充分的向內推一下。

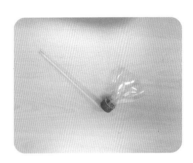

4 將可彎吸管較短的那端放入
瓶蓋洞口。若洞口太大會鬆
動，可以用膠帶封住縫隙。

5 將瓶蓋鎖在寶特瓶上。

小叮嚀

■ 可以試試看讓漂浮的桌球
穿越衛生紙捲筒。桌球會一
瞬間往上衝，因為衛生紙捲
筒阻斷桌球周圍的空氣。

■ 用吹風機讓桌球飄浮在空
中。拆卸掉吹風機的吹嘴
後，將吹風機朝上開啟，接
著再輕輕放上桌球就能觀
察到相同的現象。

6 在寶特瓶內放入桌球。

7 用力吹一下吸管，這時可以
觀察到不管吹得再用力，桌
球也不會向外跑，只會上上
下下的飄浮在空中。

整理及回收

・**請將寶特瓶和吸管丟入資源回收分類。**

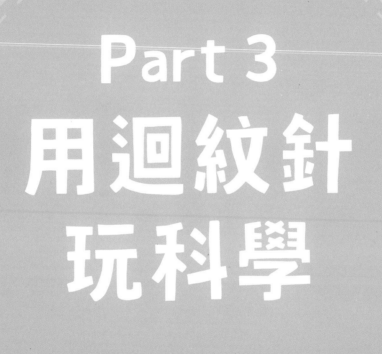

Part 3
用迴紋針
玩科學

18

來吊一條大魚吧！

磁鐵釣魚

磁鐵可以吸住鐵製品。
利用磁鐵可以吸住鐵製品的特質來玩釣魚遊戲。

 準備材料

☐ 圖畫紙　☐ 彩色鉛筆

☐ 簽字筆　☐ 迴紋針　☐ 磁鐵

☐ 線　　　☐ 膠帶

 所需時間　10分鐘

 所需人數　2人

● 相關單元：三年級上學期
〈磁鐵與磁力〉單元。

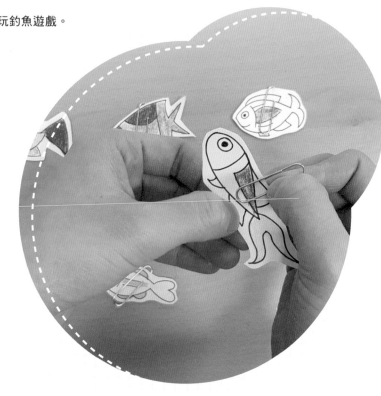

 思考時間

會吸附在磁鐵上的物品有什麼特徵？

會吸附在磁鐵上的物品都是由鐵組成的。

為什麼就算沒有碰到，鐵製的物品還是會被磁鐵吸引呢？

會受到磁力影響的空間叫「磁場」。鐵製物品本身會帶有磁性，因此會
被磁鐵吸引。只要拿著磁鐵接近迴紋針，迴紋針就會馬上被吸住。

1 準備好圖畫紙、彩色鉛筆、
簽字筆、迴紋針、磁鐵、線
和膠帶備用。

2 在磁鐵上綁一條線並用膠帶
固定以避免鬆動。

3 用彩色鉛筆與簽字筆畫出幾
隻魚。

如果魚靠得太近，
磁鐵會一次吸住一整群魚，
這樣就不好玩了。
盡量在寬闊的空間裡，
將魚分開撒落至各處。

4 用剪刀剪下輪廓，接著再別
上迴紋針。

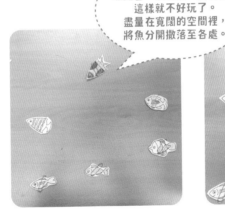

5 將魚隨意撒到地上。

6 釣魚大會開始！

💡 小叮嚀

■ 當迴紋針長時間吸在磁鐵上時會暫時帶有些許磁性，
因此請在釣上魚後立刻將迴紋針拆掉。

■ 找找看，有沒有其他輕巧並會被磁鐵吸附的物品能取
代迴紋針。

 整理及回收

· 遊戲結束後，請將魚和迴紋針拆解，並將
紙張丟入一般垃圾分類，迴紋針可以重複
利用。

19 紙環飛機

造飛機～造飛機～飛到青草地～

試著讓紙環造型的飛機飛上天吧！
不同於常見的紙摺飛機，請將用紙張和吸管做成的飛機射向遠方，
看看是否能飛得更遠？

  **準備材料**

☐ 圖畫紙　　☐ 迴紋針2支

☐ 吸管2根　☐ 剪刀　　☐ 膠帶

 所需時間 10分鐘

 所需人數 1人

● 相關單元：三年級上學期
〈空氣與風〉單元。

 思考時間

紙環飛機是利用了空氣的何種特徵？

白努利在觀察氣流時，發現空氣具有在經過斷面大的物體時較緩慢，經過斷面小的物體時則較快的特徵，這就是白努利效應。通過紙環飛機前端及末端紙圈的空氣與通過中間空盪盪地方的空氣速度不同，也因此讓紙環飛機得以夠快速移動。

要怎麼做才能讓紙環飛機飛得更遠呢？

只要在紙環飛機的前端別上迴紋針就能飛得更遠。此外，在黏貼2根吸管時記得要保持水平，並選用薄一點的紙張。

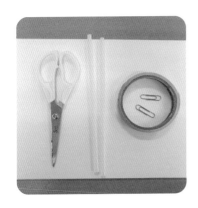

1　準備好圖畫紙、2支迴紋針、2根吸管、剪刀和膠帶備用。

2　用剪刀沿著圖畫紙邊剪下兩條紙片。

3　拿出膠帶,將剪下的圖畫紙黏成兩個紙圈。

> 將吸管兩端壓平,來保持飛機重心。

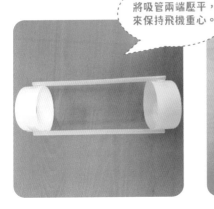

4　將紙圈和吸管黏在一起。

5　在前端的紙圈與吸管連接處,別上2支迴紋針。

6　將手舉高射出紙飛機。

 小叮嚀

■　射出飛機時,必須要輕柔一點,飛機才能飛得更遠。

 **整理及回收**

・請將剪碎的紙張丟入一般垃圾分類。
・請將迴紋針拆下後重複利用。

20 飛翔的紙鳥

啪噠啪噠，展翅高飛！

試著讓用紙做成的鳥飛翔。
這個遊戲利用了空氣的速度差讓紙鳥飛了起來！

 準備材料

☐ 紙張　☐ 剪刀　☐ 膠帶

☐ 迴紋針

 所需時間 5分鐘

 所需人數 1人

● 相關單元：三年級上學期
〈空氣與風〉單元。

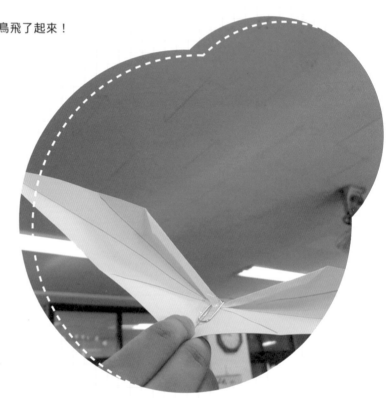

 思考時間

紙鳥是利用了空氣的什麼特性飛行呢？

空氣在通過面積大的部分和面積小的部分時存在著速度差。紙鳥就是利用了空氣根據面積不同速度也會不同的這項特性。

要怎麼做才能讓紙鳥飛得更遠呢？

只要在鳥頭別上迴紋針就能飛得更遠或在製作時選用輕薄的紙張。

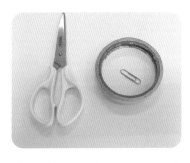

1 準備好紙張、剪刀、膠帶和迴紋針備用。

2 將紙剪成長條狀後對摺。

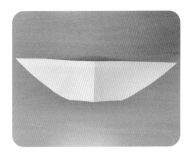

3 剪成照片中的形狀。

4 將長度較短的那邊向內摺成窄長條狀，共摺3次。

5 再次將紙張對摺。

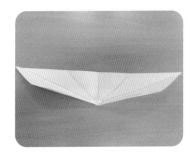

6 在翅膀上畫出摺線，並沿線向內摺。

7 在翅膀中間重複貼上幾次膠帶後，別上迴紋針。

若太用力丟出紙鳥，紙鳥就會倒頭栽到地上，請特別注意。

8 讓紙鳥起飛。

 小叮嚀

■ 紙鳥起飛時，請抓住尾端，朝空中輕輕射出。
■ 調整紙鳥上的皺摺，讓它飛得更順暢。

整理及回收

· 請將剪下的紙張丟入一般垃圾分類。

21 磁鐵紙偶戲

使用磁鐵與迴紋針來製作移動紙偶。
只要用磁鐵移動下方貼有迴紋針的人偶，就能上演一場紙偶戲喔！

準備材料

☐迴紋針　　☐磁鐵　　☐紙張

☐彩色鉛筆　☐膠帶

☐硬紙板　　☐剪刀

 所需時間 10分鐘

 所需人數 1人或多人皆可

● 相關單元：三年級上學期
〈磁鐵與磁力〉單元。

 思考時間

磁鐵紙偶戲是運用了什麼科學原理？

運用磁鐵會吸引迴紋針的科學原理。磁鐵就是會將鐵吸向自己的物體。只要移動紙板下方的磁鐵，紙板上的鐵製迴紋針就會受到牽引並上演紙偶劇。

要怎麼做才能讓紙偶快速精準的移動到自己想要的地方呢？

可以使用磁性較強的磁鐵或減少紙偶的大小和重量。

1 準備好迴紋針、磁鐵、紙張、彩色鉛筆、膠帶、硬紙板及剪刀備用。

2 用剪刀剪出紙偶的形狀,並在紙偶下方留出要黏貼迴紋針用的方塊。

3 將紙偶下方的方塊反摺。

4 畫出紙偶的造型。

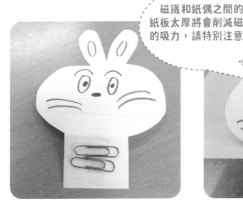

5 用膠帶在紙偶下的方塊黏上1～2支迴紋針。迴紋針數量請依據紙偶大小調整。

> 磁鐵和紙偶之間的紙板太厚將會削減磁鐵的吸力,請特別注意。

6 將黏有迴紋針的紙偶放到硬紙板上,並在紙板下方用磁鐵來移動紙偶。

> 若使用強力磁鐵或增加黏貼迴紋針的數量,就能更迅速準確的移動紙偶。

7 來演紙偶戲吧!

💡 小叮嚀

■ 若將紙偶做成手指大小,玩起來會更加方便。

 整理及回收

· 請將磁鐵統一收納就能保存磁力。

迴紋針夾娃娃機

用迴紋針也能夾起物體。
在遊戲中我們會連接多支迴紋針做出夾娃娃機的爪子，並試著夾起物體。

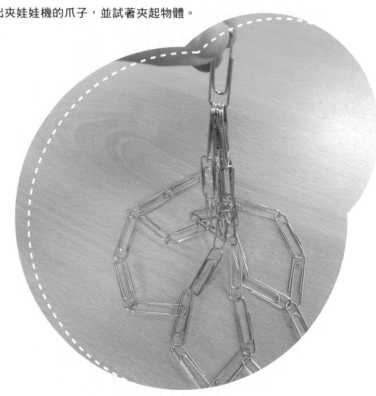

準備材料

☐ **迴紋針1盒**

所需時間 10分鐘

所需人數 1人

● **相關單元：五年級下學期
〈力與運動〉單元。**

思考時間

迴紋針夾娃娃機藏有什麼科學原理？

是和力相關的原理。在科學上，力指的是作用於物體來改變物體形狀
或運動狀態的原因。在這個遊戲中，力會朝著圓周的方向，進行圓周
運動。若迴紋針夾娃娃機在持續進行圓周運動時，突然下垂並停下，
原本應發揮作用的力就會往拉提下方物體的方向發揮作用。

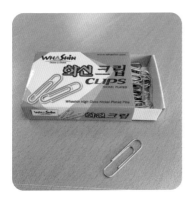

1 準備好1盒迴紋針備用。

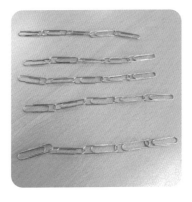

2 將迴紋針以5支為單位串成 1串,總共5串。

3 再將5串以3支為單位的迴 紋針串在一起,並排成五角 形的樣子。

4 在五角形的頂點各連上每5 支1串的迴紋針。

5 將所有迴紋針串的末端集合 在一起,並串在同一個迴紋 針上。

在連結迴紋針時 有可能會被尖端刺 傷,請特別小心。

 ▶  ▶

6 將1支迴紋針展開,並摺成迴紋針夾娃娃機的把手。

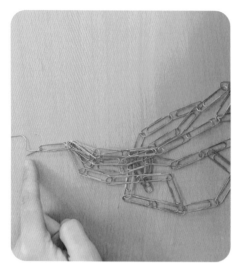

7 將把手連接至迴紋針的最頂端。

8 在迴紋針夾娃娃機下方放上球狀的輕巧物品，接著轉動上面的把手。

> 將旋轉中的迴紋針夾娃娃機快速放下時，必須對準物體，才能將物體夾起。

9 將旋轉的迴紋針夾娃娃機朝向物體快速放下後提起。

💡 小叮嚀

快速轉動迴紋針夾娃娃機，就能以更大的力量夾起物品。

整理及回收

· **請將迴紋針分別拆解後收納保管。**

☆ 最喜歡的實驗是哪一個？

_____

_____

☆ 為什麼會喜歡這個實驗？

_____

_____

☆ 這個實驗的原理是什麼？

_____

_____

☆ 其他心得

_____

_____

_____

Part 4
用氣球
玩科學

23 氣球槍

立即完工，盡情發射！

用氣球和衛生紙捲筒做一把槍。
試著用氣球和用完的衛生紙捲筒做一把簡單的槍來射擊物品。

準備材料

□氣球　□衛生紙捲筒
□彩色鉛筆

所需時間 3分鐘

所需人數 1人

●相關單元：五年級下學期
〈力與運動〉單元。

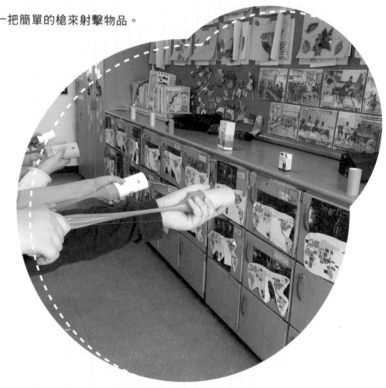

思考時間

氣球槍運用了什麼科學原理？

這是和彈力有關。若外部施力消失，物體就會變回原本的狀態。氣球槍利用氣球要變回原本的狀態而反抗的力量，將氣球內的小物向前彈出。具有彈性的物體被稱爲彈性體，如氣球、橡皮筋、彈簧等。

怎麼做才能讓氣球中的子彈射得更遠？

將氣球拉得更長或抓牢並固定住衛生紙捲筒就行了。

實驗這樣玩

1 準備好氣球、衛生紙捲筒和彩色鉛筆備用。

> 在撐開氣球吹口時，請小心不要將吹口撐破了。

2 將氣球吹口撐開，套入衛生紙捲筒。

3 在撐開氣球吹口時，請小心不要將吹口撐破了。

4 在衛生紙捲筒中放入小紙球，當作子彈。

5 將氣球拉長。

> 請注意，發射時可能會產生很大的聲響。

6 若將拉長的氣球鬆開，裡面的東西就會變成子彈射出。

💡 **小叮嚀**

- 衛生紙捲筒不可有皺褶，才能做出堅固的槍。
- 若太用力拉扯氣球或將氣球拉太長，氣球槍可能會因此而分解。
- 將子彈換成不同顏色的紙屑，就會變成簡易拉炮喔！

整理及回收

· **可使用衛生紙捲筒來整理電線。**

24 噗！氣球車來囉！
氣球車

來製作用氣球移動的車子。
一起動手做做看，利用大氣球噴氣的力量前進的車子吧！

準備材料

□ 氣球　　□ 瓶蓋4個

□ 膠帶　　□ 粗吸管

□ 厚紙板　□ 剪刀

所需時間 10分鐘

所需人數 1人

● 相關單元：五年級下學期
〈力與運動〉單元。

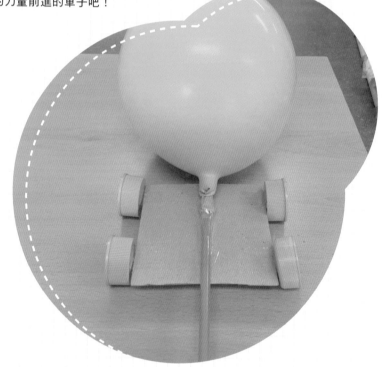

思考時間

要怎麼做才能讓氣球車跑得又快又遠？

減輕氣球車的重量或把氣球吹得大一點。

氣球車裡藏有什麼原理？

牛頓第三運動定律之一：所有作用力總是伴隨著反作用力。反作用力的方向與作用力相反，大小則一樣。當空氣從氣球中噴出，向後推的力量發揮作用，汽車向前跑的反作用力也會同時起了作用，因此可以確認是作用力與反作用力的原理。

實驗這樣玩

1 準備好氣球、4個瓶蓋、膠帶、粗吸管、厚紙板和剪刀備用。

一定要用膠帶封緊，這樣在吹氣球時才不會漏氣。

2 將吸管套入氣球的吹口，並用膠帶牢牢封緊。

3 將黏好氣球的吸管黏在厚紙板中間。

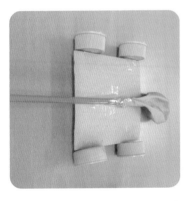

4 在厚紙板兩旁黏上4個瓶蓋當作車輪。

5 將氣球吹大，並用手塞住吸管洞口。

6 鬆手時氣體會從氣球內向外噴，氣球車也會往前跑。

小叮嚀

■ 氣球車的本體必須要輕才能跑得遠，因此可從輪子的個數來調整重量設計。

■ 厚紙板越小張就越輕巧，氣球車也能移動的越快。

整理及回收

· 請將氣球車車解後，將吸管、膠帶、氣球丟入一般垃圾，紙張請丟入紙類回收。

25

頭髮怎麼飛起來了？

靜電體驗

用氣球和毛衣製造出靜電。
用氣球摩擦毛衣製造出靜電後，再接近頭髮，看看會發生什麼現象。

 準備材料

☐ 氣球1個

☐ 毛衣

 所需時間　5分鐘

 所需人數　2人

● 相關單元：五年級下學期
〈力與運動〉單元。

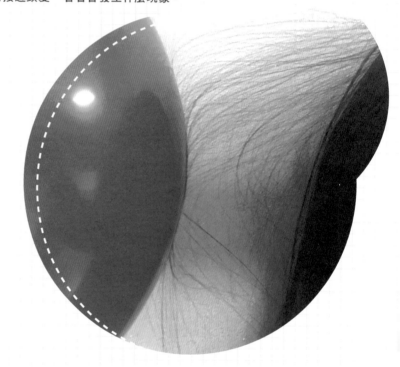

 思考時間

為什麼拿氣球去碰頭髮，頭髮就會黏住呢？

因為有靜電。靜電指的是兩個物體在摩擦時各物體會暫時帶電的情況，也被稱為是「摩擦起電」。
所有物體上帶的正電荷和負電荷的電子都達到了平衡點。這裡的電荷指的是物體所帶的電。當物體摩擦時，負電荷的電子會在兩個物體中來回移動，並產生電，而電子具有不帶電物體的性質，因此若將帶有靜電的氣球拿去碰頭髮時，頭髮就會往氣球的方向移動。

靜電會讓人觸電嗎？

不會。靜電在很短的時間內只會流動極少電流，而且只會在皮膚表面流動，所以對人體不會造成任何危險。

1 準備好氣球和毛衣備用。

請小心不要吹太多氣，以免吹爆氣球。

2 用嘴巴將氣球吹大，並將吹口綁住。

3 用氣球摩擦毛衣大約50下。

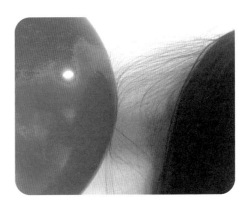

4 拿著氣球靠近朋友的頭髮並確認頭髮的變化。

小叮嚀

■ 也可以用同樣的玩法來試試看衛生紙或絲巾等物體。
■ 找找看我們生活周遭還有哪些物體或現象會起靜電作用呢？

整理及回收

· 請將用過的氣球丟入一般垃圾分類。

26 氣球賽跑

準備〜GO！

利用空氣的移動、作用力與反作用力定律讓氣球飛起來。
將吹好的氣球吹口鬆開，就能看見氣球飛行的樣子，
還能和朋友比比看誰的氣球飛得比較遠。

 準備材料

□ 氣球

 所需時間 5分鐘

 所需人數 2人

● **相關單元：** 五年級下學期
〈力與運動〉單元。

 思考時間

為什麼將吹好的氣球吹口鬆開，氣球就會飛呢？

氣球之所以會飛行，是因為空氣移動的緣故，在氣球中的空氣因為氣壓很高，會想移動到氣壓低的地方，當可以出去的洞口一旦出現，空氣馬上就會向外衝出。氣球在受到空氣動力後飛走，是作用力與反作用力的緣故。

為什麼氣球不是往直線飛行，而是朝著鋸齒狀的路線飛行呢？

因為空氣的方向並不固定，會朝多個方向發揮作用。

1 準備好需要數量的氣球備用。

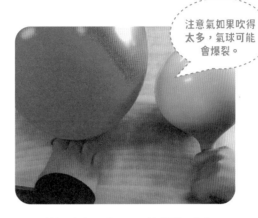

注意氣如果吹得太多，氣球可能會爆裂。

2 將氣球吹好後，用手抓緊氣球吹口，以避免洩氣。

3 決定好起跑線之後，和朋友一起拿高手上的氣球並排在起點線上。

請在周圍沒有人的地方放飛氣球，並小心不要讓氣球打傷別人。

4 將氣球吹口朝向自己的身體，接著鬆開抓住吹口的手。

5 確認看看誰的氣球飛得比較遠。

小叮嚀

■ 也可以嘗試改變氣球的放飛高度和方向來進行遊戲。

整理及回收

· 請將用過的氣球丟入一般垃圾分類。

一閃一閃！房間出現閃電啦！

製造閃電

利用靜電製造閃電！
試著用金屬湯匙觸碰因摩擦毛衣而產生靜電的氣球來製造火花。

 準備材料

☐氣球1個　☐毛衣

☐金屬湯匙

☐絕緣處理過的工作手套

 所需時間　5分鐘

 所需人數　2人

● 相關單元：五年級下學期
〈力與運動〉單元。

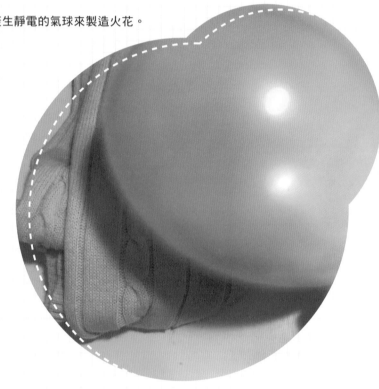

 思考時間

在湯匙和氣球之間出現的閃光是什麼？

是電。

為什麼在湯匙和氣球之間會產生火花呢？

將氣球和毛衣摩擦後，會產生電。這時若拿金屬湯匙靠近氣球，電子
就會變成火花，穿過湯匙和氣球間的小縫順著金屬下來，產生閃光。

實驗這樣玩

1 準備好1個氣球、毛衣、金屬湯匙和絕緣處理過的工作手套備用。

2 拉上窗簾並調整照明，讓整個房間變得昏暗。

> 碰到靜電時，身體可能會有麻麻的感覺。

3 戴上絕緣工作手套。

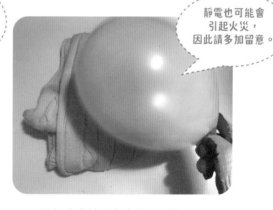

> 靜電也可能會引起火災，因此請多加留意。

4 用氣球摩擦毛衣大約200下。

> 請在大人陪同之下安全進行這項遊戲。

5 試著拿著金屬湯匙靠近氣球，並確認在湯匙和氣球之間出現的變化。

小叮嚀

■ 可以嘗試改變氣球摩擦毛衣的次數來進行這項遊戲。

■ 試著使用其他金屬物體來進行這項遊戲，並觀察結果。

整理及回收

· **請將用過的湯匙清洗乾淨後收納。**

· **請將用過的氣球丟入一般垃圾分類。**

28 氣球火箭

準備～發射！

用氣球做出會動的火箭。
利用大氣球噴氣的動力讓氣球像火箭一般的向前衝。

 準備材料

☐ **氣球**1個　　☐ **可彎吸管**1根

☐ **直吸管**1根　☐ **剪刀**

☐ **線**　　　　☐ **膠帶**

 所需時間 5分鐘

 所需人數 1人

● 相關單元：五年級下學期
〈力與運動〉單元。

 思考時間

要怎麼做才能讓氣球火箭快速移動？

減輕火箭的重量、將氣球吹得更大一點或將擺出更大的斜度。

氣球火箭暗藏了什麼科學原理？

當風從大氣球中噴出，向後推的力量作用時，向前推的反作用力也會同時發揮作用。可以藉由氣球火箭的移動確認作用力與反作用力的原理。

實驗這樣玩

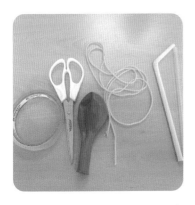

1 準備好氣球、可彎吸管、直吸管、剪刀、線和膠帶。

> 請牢牢固定至不要看見任何隙縫。

2 將可彎吸管插入氣球吹口,並用膠帶牢牢固定。

> 請將可彎吸管的吹口向上彎起。

3 請將直吸管黏在可彎吸管的下方。

4 在直吸管內穿入一根線。

5 將線的一端黏在高處的牆上,並將線的另一端黏在低處的椅子上。

6 用吸管將氣球吹大後,盡快用指尖塞住吹口,再鬆手發射火箭。

💡 **小叮嚀**

- 將氣球吹得越大,就能更強力的發射出火箭。
- 氣球在洩氣後會往下跑。

🗑 **整理及回收**

· 請將氣球、膠帶、吸管和線拆解後分別處理,可丟至一般垃圾,或收納再利用。

29

好可怕！是誰在尖叫？

尖叫氣球

做做看會尖叫的氣球。
六角螺帽在氣球中震動時，汽球就會發出聲音。

準備材料

☐ 氣球1個

☐ 六角螺帽1個

所需時間 5分鐘

所需人數 1人

● 相關單元：六年級上學期
〈聲音與樂器〉單元。

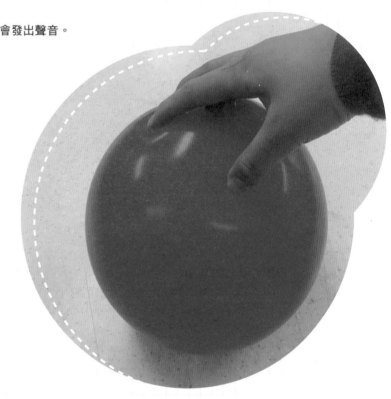

思考時間

為什麼六角螺帽會在氣球中發出聲音？

這是和聲音有關的遊戲。抓住氣球旋轉時，氣球內部的六角螺帽也會
因向心力而繼續旋轉。當旋轉中的六角螺帽碰到氣球內壁時就會不斷
引起震動，這個震動會形成音波，讓氣球像是在尖叫一樣。

1 準備1個氣球和1個六角螺帽。

請勿將六角螺帽放入口中或食用。六角螺帽可能會卡住氣管造成窒息。

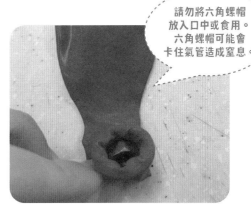

2 將六角螺帽放入氣球中。

3 吹大氣球後,將氣球吹口綁緊以避免漏氣。

4 用右手抓住氣球左側並高速旋轉。

遊戲中可能會發出吵鬧聲,因此請先取得周遭的同意後再進行此遊戲。

5 聽聽看氣球內部的六角螺帽在旋轉時所發出的聲音。

💡 小叮嚀

■ 可以在氣球中放入多個六角螺帽試試看,聲音有什麼改變?
■ 可以在氣球中放入六角螺帽以外的其他物品試試看。

 整理及回收

· 請將氣球中的六角螺帽洗淨晾乾後收好。
· 請將用過的氣球丟入一般垃圾分類。

30 空中飄浮術

一直浮在半空中，掉不下來！

若因靜電現象而擁有相同的電子就會互相排斥。
在這個遊戲中我們會利用靜電現象讓塑膠在氣球上飛舞。

準備材料

☐ 毛巾　☐ 塑膠袋

☐ 剪刀　☐ 氣球

所需時間　5分鐘

所需人數　2人

●相關單元：五年級下學期
〈力與運動〉單元。

思考時間

為什麼會產生靜電？

靜電之所以會產生是因為摩擦。在摩擦兩個不同的物體時，電子就會
移動而產生靜電。

用摩擦氣球的毛巾來摩擦塑膠袋會如何？

用毛巾摩擦後，電子就會傳導到氣球和塑膠袋上。由於兩者都用毛巾
擦過，所以傳導的電子也具有相同性質，就像磁鐵同性相斥，氣球和
塑膠袋也會互相推斥。

1 準備好毛巾、塑膠袋、剪刀和氣球備用。

2 用剪刀將塑膠袋口剪掉2cm左右。

3 將塑膠袋末端剪斷,做成帶狀。共準備4條。

4 如圖,將4條帶狀塑膠的中新綁在一起。

5 將氣球吹到最大,並將吹口綁緊。

請使用鬆軟的乾毛巾

6 拿出毛巾,並摩擦氣球30～45秒。

若沒有用毛巾充分摩擦過氣球和塑膠袋,塑膠袋就不會漂浮於氣球上。

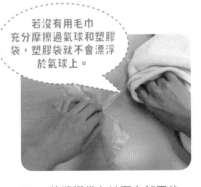

7 將塑膠袋在地面上鋪平後,用同一條毛巾摩擦塑膠袋30～45秒。

摩擦後若過了很長一段時間或氣球碰到塑膠袋以外的物體,靜電現象可能就會消失。

8 一人拿住氣球,另一人將塑膠袋輕輕展開後放在氣球上,觀察塑膠袋在氣球上方飛舞的樣子。

💡 小叮嚀

■ 用毛巾摩擦氣球和塑膠袋時,不要只擦一邊,要均勻擦拭。

■ 可以不用將塑膠袋綁在一起,直接使用圓帶狀。也可以將塑膠袋剪成其他造型。

■ 找找看除了氣球之外,還有什麼其他物體能讓塑膠袋漂浮於空中。

整理及回收

· 請將用過的塑膠袋丟入資源回收分類。

Part 5

用紙
玩科學

31 紙橋

我是小小建築師

請用紙做出紙橋，並試著擺上厚重的書本。
試著將好幾本書擺到紙橋上，看看是否能撐得住？

 準備材料

□ 紙張　　□ 幾本書

□ 橡皮筋

 所需時間 1分鐘

 所需人數 1人或多人皆可

● 相關單元：四年級上學期
〈認識物質與物質變化〉單元。

 思考時間

只靠一張紙是如何撐起重物呢？

這個遊戲利用了重心。只要不將重量集中在同一個地方而是均衡分配，那麼即使只靠一張紙也能支撐住沉重的物體。

要怎麼做才能將好幾本書放到紙橋上？

請使用厚一點的紙或多一點紙張，這樣就能做出堅固的紙橋。

實驗這樣玩

1 準備好紙張、橡皮筋及幾本書備用。

2 將紙張捲成柱狀並套上橡皮筋，做成兩根橋梁。

3 用另一張紙並將正反面反覆對摺成波浪狀。

當紙橋無法支撐重量倒塌時，請小心不要被書本砸傷。

4 將做好的橋梁和波浪狀紙片組合成圖中的紙橋。

5 一次放上一本書。

6 繼續一次加上一本書，直到紙橋倒塌為止。

💡 **小叮嚀**

▇ 也可以比比看誰可以放比較多本書。
▇ 分次放上多本重量適中的書籍會比一次就放上厚重的書籍還好。

 **整理及回收**

· 請將用過的書排列整齊收好。

32 紙柱頂天

用一張A4紙張做成支撐柱吧！
請一邊想著重心的原理，試著利用以一張A4紙製成的柱子
撐起多本書籍。

 準備材料

□A4紙張　　□幾本書

□剪刀　　　□膠水

 所需時間　30分鐘

 所需人數　2人

● 相關單元：四年級上學期
〈認識物質與物質變化〉單元。

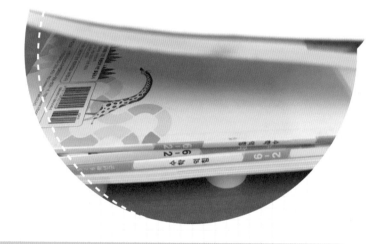

 思考時間

一張A4紙張最多可以撐起幾公斤的重量？

當我進行這項科學遊戲時，發現最多可以撐起40公斤的重量。各位在
進行這項遊戲時，可以測量看看最多可以撐到多重。

為什麼光靠一張A4紙張就能撐起這麼重的重量呢？

一張A4紙張可做成六角形、四邊形、三角形、圓形等不同形狀的柱
子。當我們在物體各個角落中心點分別畫出垂直線時，這些線的交會
點就是物體的重心所在。只要將物體重心置於紙柱中央，就能完整分
散書本施加的力量，才能撐起這麼重的重量。

1 準備好A4紙張、幾本書、剪刀和膠水備用。

2 用剪刀將一張A4紙剪開，摺好後黏起來，並試著使用各種方法做出紙柱。

3 用長條紙張捲成圓柱狀，做成基本的紙柱。

4 以相同方法做出共四根紙柱，這樣就能分散重量了。

5 將書放到做好的紙柱上。

> 疊放書本時，請讓重心保持平衡，並均勻疊放。

6 比比看，誰做出的紙柱可以支撐最多本書。

小叮嚀

■ 也可以用瓶子來代替書本。
■ 若再加上「至少離地3公分」、「至少做出三根紙柱」等各種條件會更有趣。

整理及回收

· 請將用過的書收到架上並排列整齊。
· 請將用過的A4紙張丟入資源回收分類。

搜尋雪花的圖片，找出喜歡的樣式，
再使用白色紙張多次對摺，剪出雪花結晶的形狀。

 準備材料

□A4紙張3～4張

□剪刀　□鉛筆　□雪花參考圖

 所需時間　10分鐘

 所需人數　1人

● 相關單元：三年級上學期
〈千變萬化的水〉單元。

思考時間

實際上的雪花結晶長成什麼樣子？

使用顯微鏡觀察雪花結晶，就能看見六角形的對稱結構。由於水分子的排列方式，冰晶會在雲層中旋轉而形成六角形結構。雪花結晶一開始是小六角形的形狀，當結晶變大後，就會從六個稜角長出細枝。根據從雲層中掉落時的溫度和濕度不同，雪花結晶的形狀也會跟著不同。

使用剪刀時，
請小心不要受傷。

1 準備好Ａ４紙、雪花參考圖、剪刀和鉛筆備用。

2 將Ａ４紙其中一側對摺成三角形的模樣。

3 將三角形以外的其他部分剪掉。

4 將摺成三角形的部分再對摺一次。

5 以相同的方式再對摺一次。

6 請參考圖片，畫出雪花結晶的樣子。

7 沿著鉛筆畫好的圖樣剪下。

8 將紙張打開，雪花結晶就完成了！

9 除了上列圖示之外，也可以做成不同造型的雪花結晶。

💡 小叮嚀

■ 可以透過網路和書等確認雪花結晶的外型。
有機會遇到雪時，請仔細觀察看看。
■ 請試著做出自己專屬的各種雪花結晶。

🗑️ 整理及回收

· 請將大紙張丟入資源回收分類，小紙屑丟入一般垃圾分類。
· 請將使用完畢的剪刀和鉛筆收納於安全的地方。

34 保持平衡！ 帶著蜻蜓去散步

找出蜻蜓的重心，並練習平衡！
請試著將紙蜻蜓放到手指上並到處走動看看。

 準備材料

☐厚紙板　☐簽字筆

☐剪刀　　☐膠水

 所需時間　5分鐘

所需人數　1人

●相關單元：四年級上學期
〈認識物質與物質變化〉單元。

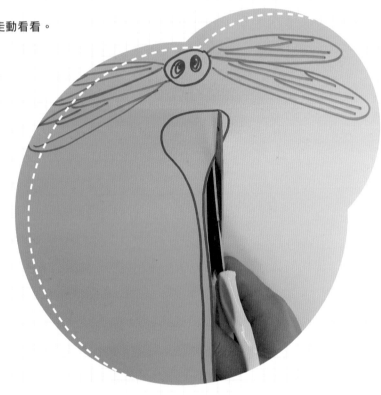

 思考時間

為什麼可以將蜻蜓放在手指上走動呢？

因為有保持平衡抓得好才有辦法這麼做。平衡指的是不傾斜的狀態。在這個遊戲中，為了不讓手指上的蜻蜓傾向某側或掉落，就得抓好平衡才行。只有維持好平衡並將力量穩定分散後，才能讓蜻蜓長時間停留在手指上。

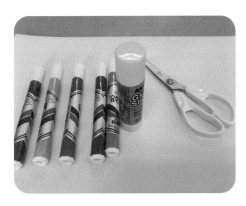

1 準備好厚紙板、簽字筆、剪刀和膠水備用。

紙蜻蜓的上半部要比下半部更大喔！

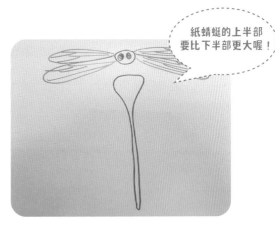

2 用簽字筆在厚紙板上分別畫出蜻蜓的上半身（頭和翅膀）和下半身（軀幹和尾巴）。

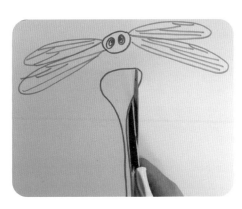

3 用剪刀分別剪下上半身和下半身。

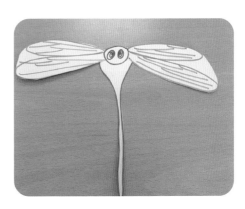

4 用膠水將上半身和下半身黏在一起。

5 將蜻蜓放到手指上，四處走動看看。

💡 小叮嚀

■ 若將蜻蜓做成手掌大小，在遊戲進行上會更加容易。

■ 若將蜻蜓的翅膀稍微往上摺彎，將有助於更容易找到平衡。

■ 可以在蜻蜓成功放到手指上後，試著進行折返跑比賽也很有趣。

 整理及回收

· **請將小紙屑丟入一般垃圾分類。**

35

紙積木疊疊樂

請試著用色紙做成彩色積木，
在不倒塌的情況下疊出一座高塔。

準備材料

☐ 色紙數張

所需時間 5分鐘

所需人數 1人

● 相關單元：四年級上學期
〈認識物質與物質變化〉單元。

思考時間

要怎麼做才能將紙塔疊高？

要好好控制住平衡。平衡指的是不傾斜的狀態。在將紙張層層疊起的
過程中，必須要抓好平衡，不能讓力量傾向任何一側才行。唯有穩定
分散掉力量之後，才有辦法疊出又高又堅固的高塔。

1 準備好數張色紙備用。

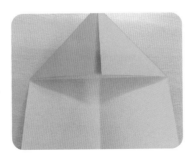

2 將色紙摺出十字後,將上半部向內摺成三角形的樣子。

3 將三角形向下對摺。

4 將色紙翻面,兩側對中線向內摺成門的形狀。

5 將兩側末端互套。這時可以用膠水或膠帶固定,將兩側確實套在一起。

可以和朋友一起合作將紙塔疊高,不過就算倒了也要互相體諒喔!

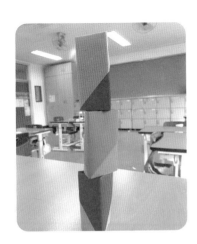

6 用多張色紙摺成紙柱,並堆疊成高塔。

7 小心的繼續疊高,努力不要讓它倒下。

整理及回收

· **請將色紙丟入垃圾分類。**

36 紙製溜滑梯

用紙做成刺激的溜滑梯路線，
讓彈珠在上面滾動。

準備材料

☐ 紙張　☐ 彈珠

☐ 膠帶　☐ 剪刀　☐ 紙杯

 所需時間 15分鐘

 所需人數 1人或多人皆可

● 相關單元：五年級下學期
〈力與運動〉單元。

 思考時間

紙製溜滑梯中藏有什麼樣的科學原理？

這是將彈珠放到用紙做成的軌道上滾動的遊戲。在遊戲中，位能和動能之間出現變化，彈珠才因此移動。當彈珠從高處開始滾動，順著紙製溜滑梯軌道向下滾落的過程中會發生能量上的轉換。

要怎麼做才能讓彈珠快速的在溜滑梯軌道上滾動？

將溜滑梯的角度加大即可。此外，若溜滑梯的長度做長一點也會產生加速度，速度會因此變快。

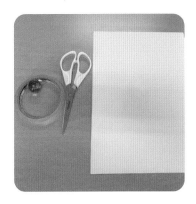

可以將好幾層紙疊在一起後做出軌道。

1 準備好紙張、彈珠、剪刀、膠帶和紙杯備用。

2 將紙張對摺，並用剪刀剪成長條狀。

3 將長條紙張的兩側立起，做成軌道的樣子。

可以照著設計圖製作，也可以隨意變更。

可以在軌道末端黏上一個紙杯。以避免彈珠亂滾。

4 將軌道用膠帶黏接成長長的樣子。

5 可利用椅子調整起點傾斜的角度。

6 在上面滾動彈珠遊玩。

 小叮嚀

■ 可根據紙軌道的斜度來調整彈珠的速度。
■ 可摺疊紙張來調整斜度的角度。
■ 做軌道時，隨時試滾一下彈珠以減少失誤。

 整理及回收

· **請將長紙條丟入一般垃圾分類。**

37

咦？字怎麼不見了？

消失的文字

請一邊調整距離，一邊找出看不見紙上記號的地方。
這個遊戲是讓圖像凝聚在視網膜的盲點上，體驗一下
即使用眼睛看東西大腦卻無法辨識的情況。

 準備材料

☐ 白紙（10公分 X 40公分）

☐ 黑色簽字筆　☐ 50公分的尺

所需時間 5分鐘

所需人數 1人

● 相關單元：五年級下學期
〈動物大觀園〉單元。

 思考時間

為什麼會突然看不到其中一側的○和X記號？

 因為我們將焦距聚集在「盲點」。我們用眼睛所見的事物會隨著光線進入瞳孔，之後會穿過角膜和水晶體在視網膜上成「像」。視神經將凝聚在視網膜上的事物成像傳送至大腦，我們就能看見那樣東西。但在視網膜中也有沒有視神經分布的地方，就是所謂的盲點。若事物成像凝聚在沒有視神經的視網膜上，就會無法傳遞到大腦，造成大腦無法識別。如果將一隻眼睛遮住，同時調整我們和事物之間的距離，某個瞬間成像就會凝聚在盲點上，眼睛也會瞬間失去功能。

實驗這樣玩

請小心，
手不要被銳利的紙
張給割傷了。

1 準備好白紙、黑色簽字筆和 50公分的尺備用。

2 用黑色簽字筆在白紙的左邊 畫上一個直徑約1公分大小 的O並塗滿。

3 在O往右大約20公分的位 置上，畫上和O大小一樣的 X。

4 將白紙拿開至距離眼睛大約50公分的 位置上，將左眼遮住後看O。

5 手拿著紙慢慢靠近眼睛，觀察看不見 X的那個瞬間。

6 再次將紙拿開至距離眼睛大約50公分 的位置上，這次遮住右眼，看紙上的 X。

7 將紙慢慢靠近眼睛，觀察看不見O 的那個瞬間。

 小叮嚀

■ 在調整白紙距離時，請緩慢的進行調整 並仔細找出看不見記號的那個位置。

 整理及回收

· 請將紙張丟入資源回收分類。

38

藏在我指中的秘密！

觀察指紋

請確認一下自己的指紋形狀。
將手指沾滿鉛筆粉末後用膠帶黏一下，
確認看看自己的指紋形狀。

準備材料

□ A4紙張1張　　□ 剪刀
□ 鉛筆　　　　　□ 透明膠帶

所需時間 5分鐘

所需人數 1人

● 相關單元：五年級下學期
〈動物大觀園〉單元。

思考時間

如果手指上布有指紋的地方受傷了，指紋會改變嗎？

指紋一輩子都不會變，就算手指受傷也不會改變。每個人的指紋都是固有的形狀，所以那也是用來辨識身分最重要的特徵之一。

有人的指紋和我一樣嗎？

每個人都有各自不同的造型，即使是基因相同的同卵雙胞胎指紋也會不同。

1 準備好1張A4紙張、剪刀、鉛筆和透明膠帶備用。

2 將A4紙張裁成兩半。

> 鉛筆的筆芯尖銳，可能會因此受傷，請不要拿來打鬧。

3 在第一張紙上用鉛筆畫出比拇指還要更大的圓形後塗黑。

4 拇指大力按壓在用鉛筆塗黑的圓點上3秒。

> 結束遊戲後，請用肥皂將沾滿粉末的手洗乾淨。

5 將透明膠帶有黏性的那面貼滿大拇指，用力按壓3秒後撕下。

> 指紋是重要個資，這裡就不放上照片了。

6 將膠帶貼在第二張紙上，觀察指紋的形狀。

 小叮嚀

- 如果先用手指沾一下額頭上的油再來進行這項遊戲，指紋就會更加明顯。
- 除了拇指之外，也可以試試看其它手指，看看你的指紋長得怎麼樣？
- 可以和朋友一起進行這項遊戲，並比較看看其他人和自己的指紋形狀。

 **整理及回收**

- 請將紙張丟入資源回收分類。
- 請將沾上指紋的膠帶剪碎後丟入一般垃圾分類，以避免重要個資遭到盜用。

39 紙風車

以風力轉動紙張。
試著做出就算只有微風吹拂也很容易轉動的紙風車。

準備材料

☐吸管　☐免洗筷

☐圖釘　☐色紙　☐剪刀

 所需時間 5分鐘

 所需人數 1人

●相關單元：三年級上學期
〈空氣與風〉單元。

思考時間

為什麼風車會旋轉？

用嘴巴對著風車吹氣或拿著風車跑步，風車就會旋轉，這是因為空氣撞擊到風車葉片的斜面而推動風車的緣故。

要怎麼做才能讓風車轉得更快？

想要風車轉得更快，就要選用較輕的材質。雖然葉片的形狀也很重要，但最重要的還是要減少風車轉動時摩擦的部分。

1 準備好吸管、免洗筷、圖釘、色紙和剪刀備用。

2 將色紙以三角形對摺2次，做出對角線。

3 用剪刀將對角線剪開至距離中心點2公分的位置。

> 也可以試著改變葉片的大小、個數和摺法，做出自己專屬的紙風車。

> 裁切後的免洗筷末端可能會很尖銳，請先磨平後再使用。

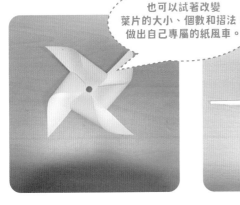

4 將4個角拉至中間並用圖釘固定住，做成圖中的樣子。

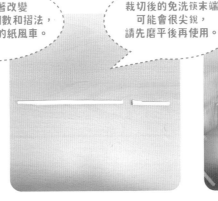

5 將免洗筷分開後，將細的那端裁切成5公分長。

6 將免洗筷的上端與步驟4用來固定紙葉片的圖釘結合。

7 將免洗筷放入吸管中。

8 試著吹一口氣看看。

💡 **小叮嚀**

■ 可以放在電風扇面前，看看哪一個紙風車轉得最快。

 **整理及回收**

· 請將色紙、免洗筷和吸管丟入一般垃圾分類。

· 圖釘可以再次使用。

40 用磁鐵來畫畫吧！
隔空畫畫大法

磁鐵的異極會相吸，同極相斥。
試著不用手握筆，而是利用磁鐵的特性來移動原子筆畫畫。

 準備材料

☐ 圓形磁鐵　　☐ 棒狀磁鐵

☐ 紙張　☐ 原子筆　☐ 膠帶

☐ 堅固的板夾

 所需時間 15分鐘

 所需人數 1人

● 相關單元：三年級上學期〈磁鐵與磁力〉單元。

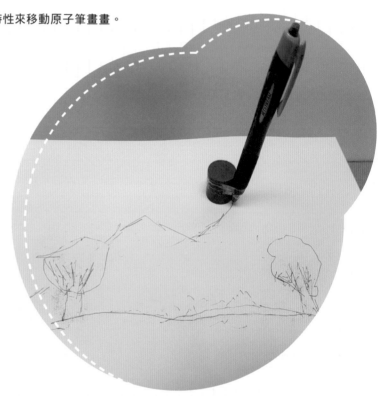

 思考時間

在磁鐵的同極和異極之間分別會產生什麼作用力？

磁鐵上可以吸附很多鐵製物品的部分就稱為「極」，而磁鐵的極又分為N極和S極。同極會產生斥力，而異極則會產生引力。圓型磁鐵也有兩極，可以吸引棒狀磁鐵N極的那一面就是S極，另一面則是N極。

為什麼圓形磁鐵會因棒狀磁鐵而移動？

因為圓形磁鐵是由鐵組成的。

實驗這樣玩

1 準備好圓形磁鐵、棒狀磁鐵、紙張、原子筆、膠帶和板夾備用。

具有強力磁性的釹鐵硼磁鐵（強力磁鐵）可能會夾傷手指，建議使用一般磁鐵。

2 將好幾個圓形磁鐵疊起。

3 按出原子筆芯後，放在圓形磁鐵旁邊，用膠帶固定好。

4 用板夾夾住紙張。

5 在紙張上方放上圓形磁鐵與原子筆組合，下方則吸上棒狀磁鐵。

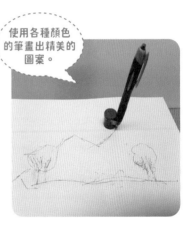

使用各種顏色的筆畫出精美的圖案。

6 移動下方的棒狀磁鐵，畫出想要的圖案。

💡 **小叮嚀**

▦ 不要將原子筆拿起來，試著延續下去畫圖看看。

▦ 若磁鐵磁性太強，就很難移動作畫，因此請調整磁鐵個數至磁力適中即可。

 **整理及回收**

· 請將磁鐵、膠帶和原子筆拆解後收納。

41

嘿咻・嘿咻！

書本拔河

體驗一下摩擦力是什麼吧！
利用書頁之間的力量，來進行一場拔河比賽。

 **準備材料**

☐ 厚度相近的書2本

 所需時間 5分鐘

 所需人數 2人

● 相關單元：五年級下學期
〈力與運動〉單元。

 思考時間

將書頁相互交疊的書往兩邊拉開會發生什麼事？

當給予比摩擦力更大的力量時，書本就會分開。

為什麼書本不會輕易分開？

當某個物體與其他物體接觸並想要移動時，妨礙移動的力量叫做「摩擦力」。雖然一張紙的摩擦力不大，但將十幾張紙交疊起來時，摩擦力就會變得非常大。

不要拿太薄的書，請準備稍微有一點厚度的書。

1 準備好2本厚度相近的書。

2 將兩本書的開合處相對放好，並用拇指抓住書頁來進行翻頁。

3 兩邊輪流交疊一張書頁。

4 繼續交疊書頁。

5 只拿起其中一本書。

若太用力拉扯，當書分開時有可能會跌倒，因此請用適中的力氣拉扯即可。

6 和朋友各抓住一本書，用力拉拉看。

 小叮嚀

■ 書本越厚摩擦力就會越大，也會變得更難分開。曾有人拿兩本非常厚重的書來做過實驗，據說即使用兩台卡車分別往兩側拉開都無法輕易分開呢！

■ 要將書本分開時請不要硬拉，而是先將部分書頁一頁頁分開後，拿起其中一本書往下抖一抖，就能輕鬆將兩本書分開了。

 整理及回收

· 請將用過的書收到架上，並排列整齊。

42 留下秋天的回憶～ 落葉書籤

將落葉平放晾乾後做成落葉書籤。
撿起色彩亮麗的落葉夾進厚書中晾乾後，做成美麗的書籤。

 準備材料

□落葉　□厚重的書本

□面紙

 所需時間　兩天

 所需人數　1人

● 相關單元：三年級上學期〈植物的身體〉單元。

 思考時間

為什麼過了一段時間之後，落葉就會變硬？

因為落葉中的水分蒸散掉了。剛落下的落葉含有水分，因此不平坦，甚至還會有點彎曲。若將落葉夾入面紙中間，面紙就會吸收落葉的水分。

要怎麼做才能讓我做的落葉書籤變得更耐用呢？

在乾燥落葉時，厚重書本具有可以將它壓平展開的效果。另外也能將落葉放到護貝膠膜裡進行護貝處理。

實驗這樣玩 ···

1 去外面收集一些落在地面上的落葉。

2 準備好各種不同的落葉、厚重書本和面紙備用。

 小叮嚀

■ 最好撿拾剛掉下來，還帶有一些水氣的落葉，因為很難用已經乾掉的落葉壓出漂亮平坦的樣子。

■ 強摘樹上的葉子是不愛惜樹木的行為，而且摘取高處的樹葉還可能會受傷，請務必撿拾地上的落葉使用喔！

3 翻開1本厚書，在書頁上鋪一張面紙。

4 將撿回來的落葉平放在面紙上，不要弄破。

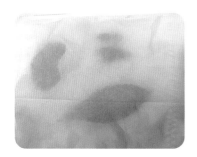

5 在平放的落葉上再鋪上一張面紙。

6 將書蓋起來，再用另一本厚書壓在上面。

7 兩天後將書和面紙拿掉，就能找到已經變硬和變平的乾燥落葉。

小叮嚀

■ 若想要讓落葉書籤變得更加耐用，可以將落葉書籤黏在厚紙板上，或將落葉書籤進行護貝處理。

■ 除了落葉之外也可以做做看押花書籤。

 **整理及回收**

· **請將用過的面紙、落葉等丟入一般垃圾分類。**

· **請將用過的書收到架上並排列整齊。**

利用身為混合物的簽字筆墨水和濾紙，
做出多彩的暈染花朵。

準備材料

□水性簽字筆　　□濾紙

□剪刀　　　　　□小寶特瓶

 所需時間 10分鐘

 所需人數 1人

●相關單元：三年級下學期
〈水的移動〉單元。

 思考時間

濾紙花是運用了什麼科學原理？

這是利用混合物移動速度差異。水性簽字筆是混合物，雖然肉眼看起
來只有一種顏色，但實際上含有多種不同顏色。塗在濾紙上的墨水在
遇水暈開後就會分離，呈現多種顏色。

要怎麼樣才能做出五彩繽紛的花？

只要使用多色水性簽字筆就行了。

1 準備好水性簽字筆、濾紙、剪刀和裝滿水的小寶特瓶備用。

2 將1張濾紙對摺3次。

3 用剪刀將濾紙的末端剪成圓弧狀。

4 打開之後就變成花的形狀了！

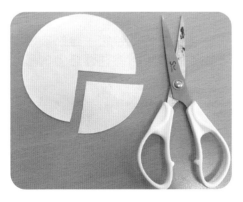

5 剪下另一張濾紙的1/4處。

6 將末端剪成流蘇狀。

> 如果用多種顏色的水性簽字筆來畫,就能得到不同的結果。

7 在濾紙花中間用簽字筆畫出線條。

8 在濾紙花的中心鑽一個洞,將濾紙做成的花蕊插入。

9 將寶特瓶裝滿水,並讓濾紙花蕊的末端碰到水。

> 在我們平常認知到的顏色中可能就藏著好幾種不同顏色喔!

10 觀察濾紙花的變化。

墨水漸漸順著水流暈開。

最後,墨水會順著水流暈開到紙張的末端。

💡 **小叮嚀**

■ 也可以將濾紙做成花以外的其他形狀來進行遊戲。

■ 最好能浸泡至濾紙末端完全濕透。

整理及回收

· 請將濾紙花晾乾後丟入資源回收分類。

· 請將濾紙花蕊丟入一般垃圾分類。

44

慢慢從天空降下來～

紙製降落傘

利用推力做出小型紙製降落傘。
將紙摺一摺，做出可以從空中旋轉飄落的降落傘玩具。

準備材料

□A4紙張1張　　□迴紋針1支

□剪刀　　　　　□尺

 所需時間 5分鐘

 所需人數 1人

●相關單元：四年級下學期
〈生活中的力〉單元。

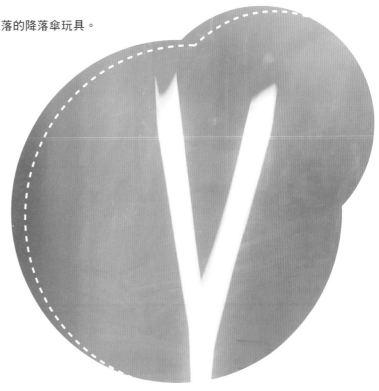

 思考時間

為什麼降落傘玩具可以浮在半空中？

轉動的降落傘玩具是旋轉翅膀掉到地面，這時推力起了作用。推力是
在翅膀旋轉時，會將物體往上抬起以助於玩具不落下的力量。

我們身邊有哪些例子是用運了推力？

有飛機的機翼、鳥的翅膀等例子。

1 準備好1張A4紙張、剪刀和尺備用。

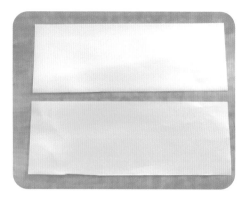

2 將1張A4紙張剪成一半，做出長方形的樣子。

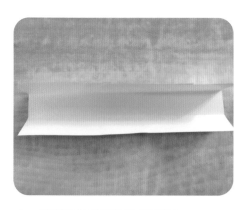

3 將剪半後的紙張摺成三等分。

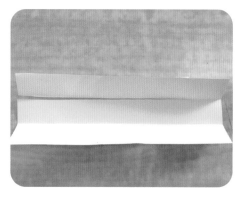

4 將三等分中的其中一邊剪至距離末端3公分的位置。

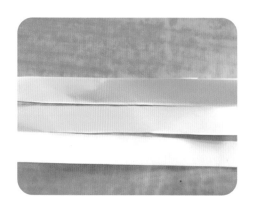

5 換個方向，沿著另一條線剪至距離末端3公分的位置。

6 用雙手分別抓住紙張的兩個末端後，向上拉起。

7 將紙的兩端對碰。

請小心,
不要被迴紋針的
尖端劃傷了。

8 用迴紋針將紙的兩端固定起來。

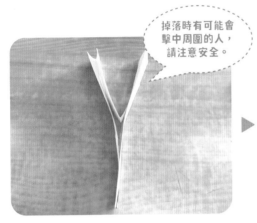

掉落時有可能會
擊中周圍的人,
請注意安全。

9 將降落傘玩具的迴紋針朝下,拋向空中後觀察掉落的樣子。

小叮嚀

■ 可以試著使用大小和重量不同的紙張及迴紋針來進
行這個遊戲。

■ 想想看,要怎麼做才能讓降落傘在空中停留久一點?

整理及回收

· **請將紙張丟入資源回收分類。**

· **請將迴紋針收好。**

Part 6
用人體
玩科學

45 瞳孔縮放術

為什麼會變大又變小呢？

觀察瞳孔的大小會隨著光線的改變。
親眼確認看看，瞳孔在明亮的地方會縮小、在黑暗的地方會放大的現象。

 準備材料

□眼罩　　□鏡子

 所需時間　10分鐘

 所需人數　1人

● **相關單元**：五年級下學期
〈動物大觀園〉單元。

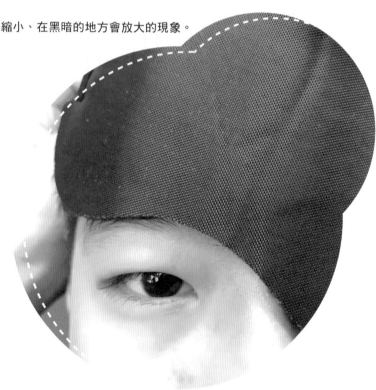

 思考時間

會什麼瞳孔大小會變得不同？

因為瞳孔的大小會隨著光線量而改變。

根據瞳孔大小會有什麼差別嗎？

為了感應多一點光線，在暗處時瞳孔就會變大。在明亮的地方，為了減少傳送到視網膜的光線量以呈現較清晰的成像，瞳孔就會縮小。

1 準備好眼罩和鏡子備用。

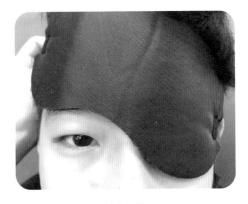

2 將其中一眼戴上眼罩。

> 請不要直視太陽。
> 紫外線可能會傷害你
> 的眼睛。

3 於陽光充足時出去坐在外面10分鐘。

4 將眼罩拿下，用鏡子確認一下左右眼
的瞳孔大小。

 小叮嚀

■ 建議在晴天的時候玩，不要讓光線照進眼罩裡面。
■ 帶著眼罩的那10分鐘也可以和朋友一起玩海盜遊戲。
■ 和朋友一起觀察彼此的瞳孔。

 整理及回收

· 請將眼罩和鏡子放回原處。

46 錯視美術作品

運用視錯覺做出自己專屬的獨創美術作品。
使用彩色膠帶和週遭的事物、牆壁等素材，
利用視錯覺創作出巨型美術作品。

 準備材料

☐牆壁　☐地板　☐彩色膠帶

☐各種事物

 所需時間　**30分鐘**

 所需人數　**2人**

● **相關單元**：五年級下學期
〈動物大觀園〉單元。

 思考時間

為什麼我們會對使用彩色膠帶創作的作品產生視錯覺呢？

我們使用了透視(遠近法)和幾何形態等來產生視錯覺效果。我們可以用彩色膠帶將平面轉為立體空間，或產生像是穿透事物或人的視錯覺。

有哪些創作者是以視錯覺聞名呢？

如果想要再更進一步了解有關彩色膠帶的科學美術，可以搜尋「Aakash Nihalani」的作品。

1 準備好彩色膠帶和用來黏貼彩色膠帶的牆壁、地板和事物等。

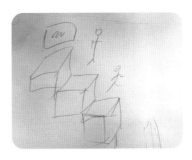

2 先簡單畫出要如何創作出視錯覺錯品的草稿。

請勿用嘴撕下彩色膠帶或做出將膠帶貼在皮膚上等玩鬧行為。

3 貼上彩色膠帶連接牆面、地板和事物等，讓頭腦中的想法實現。

4 若已完成將平面轉化成立體的作品，即可拍照留念。

5 接下來，試著做出根據看到的視角而改變形狀的作品。從正面看起來像是與上邊分開的四邊形。

6 蹲下來看時，這個四邊形又會變成一個完整的四邊形。

7 試試看其它的方法。分別在牆壁、門和走廊的牆壁等三處貼上彩色膠帶。

8 只要位置抓好，就能做出一個四邊形的作品。請試著做出各種視錯覺作品。

💡 小叮嚀

■ 想想看，要怎麼樣才會看起來像是立體圖，並謹慎的貼上彩色膠帶。

■ 如果已經做出將平面錯視為立體的作品，接下來就試試看做出會根據視角不同而改變形狀的作品。若也完成，就請試著利用兩個物品來做出視錯覺作品。

■ 若很難直接以肉眼進行創作，可以請朋友透過手機鏡頭告知膠帶的黏貼位置。

 整理及回收

· 作品拍照留念後，請將彩色膠帶撕下丟入一般垃圾分類。

撲通撲通～用眼睛觀測心臟肌肉的跳動吧！

簡易心跳測量儀

利用黏土和牙籤，做出簡易版的心跳測量儀，
來觀測並感受一下心臟的跳動。

準備材料

□黏土　　□牙籤

□計時器

 所需時間　5分鐘

 所需人數　1人

● 相關單元：五年級下學期
〈動物大觀園〉單元。

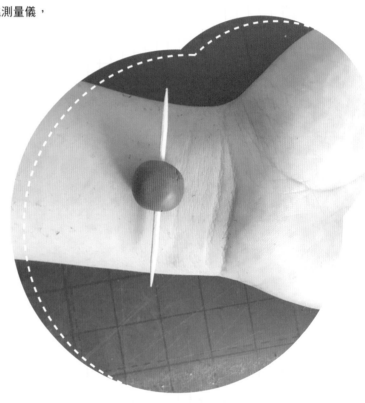

思考時間

為什麼放在手腕上的牙籤會動？

這是因為脈搏在跳動的緣故。脈搏是心臟肌肉為了供給全身血量而不
斷跳動的證據。

牙籤一分鐘會動幾下？

健康的人心臟通常一分鐘會跳動60～70下，不過運動時人體會需要更
多氧氣與養分，所以在運動後測量脈搏，可以感覺到心臟跳得更快。

1 準備好黏土、牙籤和計時器備用。可以使用智慧型手機上的應用程式代替計時器。

牙籤的兩端非常尖銳,請勿拿來玩鬧或是做出危險行為。

2 將黏土做成直徑大約1公分的橢圓球狀,並用牙籤穿過中心。

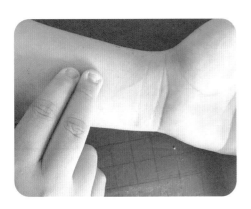

3 用兩根手指在手腕上找出可以感覺到跳動的地方。

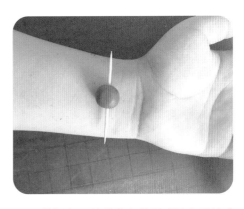

4 將插上牙籤的黏土放到手腕上可以感覺到跳動的地方。

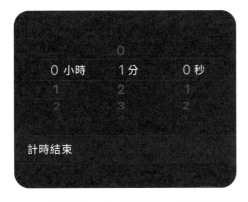

	0	
0 小時	1 分	0 秒
1	2	1
2	3	2

計時結束

5 開始計時,數數看牙籤一分鐘會跳動幾下。

小叮嚀

■ 數完一分鐘牙籤的移動次數後,再快跑或快走兩分鐘,並以相同方法數數看牙籤移動的次數。

 整理及回收

· 請將黏土和牙籤丟入一般垃圾分類。
· 請先用衛生紙等物將牙籤尖端包住再丟掉。

48 請來猜猜看～
視錯覺圖片測試

請利用視錯覺解開謎題。
在這個遊戲中，可以體驗到因為視錯覺而導致圖片扭曲的現象。

 準備材料

□尺

 所需時間 5分鐘

 所需人數 1人

● 相關單元：五年級下學期
〈動物大觀園〉單元。

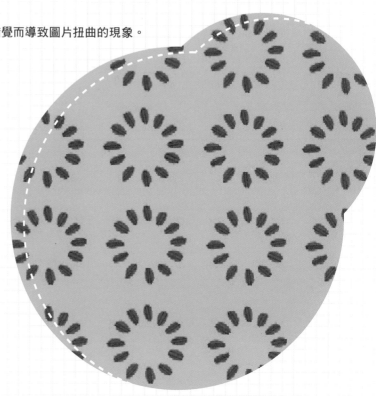

 思考時間

為什麼看起來會和實際不同？

物體看起來和實際不同就稱為視錯覺。我們實際上是透過視覺細胞將凝聚到視網膜上的成像傳送到大腦，再由大腦來辨識事物。不過大腦有時候也會出現誤判的情況，這就是我們說的視錯覺。

視錯覺看起來是什麼樣子？

若發生視錯覺，特定事物的大小、方向、角度和長度等看起來都會和實際不同。平坦的線條看起來會彎曲、相同大小的圓看起來卻不同、靜止的圖片看起來像會動，這些都是因視錯覺所導致的現象。

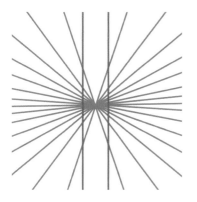

1 那兩條紅線是整齊的直線，還是微彎的曲線呢？

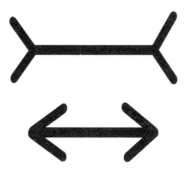

2 哪一個圖案的中心線比較長？

3 有看到畫在平面上的這些圓正在轉動嗎？

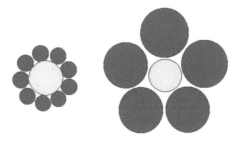

4 圖片中哪一個黃色圓點比較大呢？

5 圖片中間的正方形看起來怎麼樣？
哪一邊的比較亮呢？
請直接將紙靠在一起比較看看。

6 請先看著左圖的鳥30秒，接著再看鳥籠中的點點，你看到了什麼？

 小叮嚀

■ 用尺來確認看看自己眼睛看到的究竟是真還是假？

 整理及回收

· 若要丟棄塑膠尺時，請丟入資源回收分類。

49 腿自己動了

有辦法控制它不要自己動嗎？

利用膝反射來體驗一下會自己動的腿。
只要用玩具槌輕輕敲一下腿部，
就能體驗到腿不受意志影響而自行抬起的現象。

準備材料

☐玩具槌　☐桌子

 所需時間 5分鐘

所需人數 2人

●相關單元：五年級下學期
〈動物大觀園〉單元。

 思考時間

為什麼用玩具槌敲打腿部，腿就會不受個人意志影響而自己抬起來呢？

反射和自己的意志無關。反射分為條件反射和無條件反射，其中無條件反射屬於先天性的，刺激時不經過大腦命令，而是直接透過脊髓和延髓反應。

還有什麼東西是無條件反射？

透過脊髓反應的無條件反射除了膝蓋，還有排尿、排便、分泌汗液等。而咳嗽、打噴嚏、打呵欠、嘔吐等則是透過延髓反應的無條件反射。

1 準備好玩具槌和桌子備用。

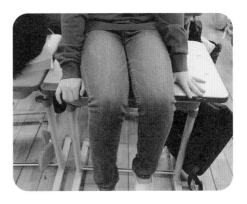

2 坐在桌子上，注意腳不要碰到地板。

在用槌子敲打
朋友腿部時，
請不要敲得太用力。

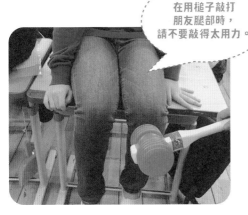

3 用玩具槌輕輕敲一下膝蓋正下方的位置，這時可以請朋友幫忙敲打。

4 確認腿部的變化。和朋友交換體驗。

小叮嚀

■ 必須要在沒有意識到槌子敲打腿部的情況之下才能體驗無條件反射。

 整理及回收

· 請將用完的桌子排整齊歸位。
· 請將用完的槌子安全收納至原位。

50 製作人體模型

我們神祕又驚人的身體！

製作簡易的人體模型，了解人體內部的器官。
使用彩色膠帶和鐵絲製作人體模型，
了解消化器官、排泄器官、呼吸器官等在人體內的位置。

準備材料

☐ 鋁箔紙　　☐ 鐵絲

☐ 彩色膠帶　☐ 油性簽字筆

所需時間　60分鐘

所需人數　2人

● 相關單元：五年級下學期
〈動物大觀園〉單元。

思考時間

我們體內有哪些器官？

我們體內有著生活必備的各種器官，有心臟、肺、胃、脾臟、腎臟、胰臟、大腸、小腸、肝臟、肛門等。

我們吃下食物後，食物要怎麼在身體中移動呢？

我們負責攝取食物和吸收的器官叫「消化器官」。人類的消化器官有口腔、食道、胃、十二指腸、小腸、大腸、胰臟、膽、肝臟等。吃進去的食物會依照「口腔→食道→胃→十二指腸→小腸→大腸」的順序，供給養分給身體。

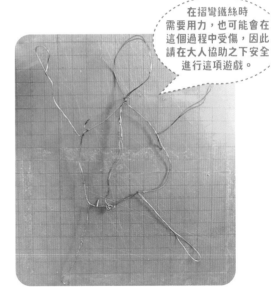

在摺彎鐵絲時
需要用力，也可能會在
這個過程中受傷，因此
請在大人協助之下安全
進行這項遊戲。

1 請準備好鋁箔紙、鐵絲、彩色膠帶和
油性簽字筆備用。

2 用鐵絲做出人體基本骨架來。

3 剪下鋁箔紙，將鐵絲骨架包起來。

4 用彩色膠帶纏繞人體模型的表面。

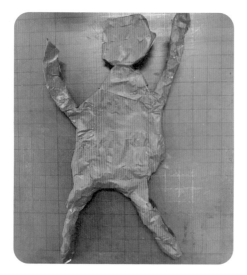

5 用彩色膠帶纏繞好人體後，使用簽字筆標上人體內部各個器官的位置。

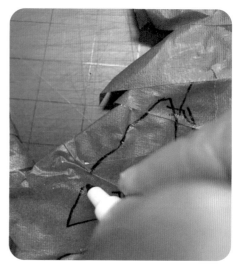

6 試著畫出我們身體裡的呼吸器官和消化器官。

7 最後再畫上臉、手臂和腿就完成了。

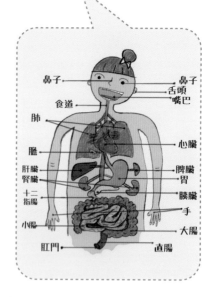

 小叮嚀

■ 請將鐵絲和彩色膠帶牢牢的纏繞在一起，打造出堅固的人體模型。

■ 請用顏色亮一點的彩色膠帶纏繞，以便於使用油性簽字筆書寫。

 整理及回收

‧ 請將遊戲用剩的鐵絲丟入鐵製用品類回收。

‧ 請將鋁箔紙和彩色膠帶丟入一般垃圾分類。

‧ 請將用剩的其他材料收納於安全的地方。

☆ **最喜歡的實驗是哪一個？**

_____

_____

☆ **為什麼會喜歡這個實驗？**

_____

_____

☆ **這個實驗的原理是什麼？**

_____

_____

☆ **其他心得**

_____

_____

_____

【小學生的腦科學漫畫】

人類探索研究小隊 01：
為什麼我們那麼在意外表？

我們每個人都是外貌協會？
剖析大腦，認識有趣的心理科學！

警告！外星人入侵地球！
想要征服地球、理解地球人的話，
首先必須瞭解他們的大腦！

【小學生的腦科學漫畫】

人類探索研究小隊 02：
為什麼我們常常記不住？

我們都有健忘症？
剖析大腦，認識有趣的心理科學！

警告！外星人入侵地球！
想要征服地球、理解地球人的話，
首先必須瞭解他們的大腦！

【小學生的腦科學漫畫】

人類探索研究小隊 03：
為什麼人有這麼多情緒？

我們的情緒就像雲霄飛車？
剖析大腦，認識有趣的心理科學！

警告！外星人入侵地球！
想要征服地球、理解地球人的話，
首先必須瞭解他們的大腦！

給孩子的現代科技圖解百科套書
（全套 2 冊）：
小學生的【科技奧祕大發現＋機械運作大發現】
（隨書附防水書套））

＼AI 時代來臨！培養未來理工小孩的科技圖解趣味百科／
冰箱如何保鮮？飛機如何飛？地道如何挖？
激發孩子的 STEAM 潛能，發掘孩子的探究天賦！

小學生的驚奇科學研究室：
顛覆想像的 30 道科學知識問答

★符合 108 課綱，培養「科學」與「閱讀」素養★
互動式閱讀情境 X 有趣科學事實，
收錄自然科學、、地球科學、生物學等多種知識
滿足好奇心，一翻開就想看到最後！

剖析大腦，認識有趣的心理科學！

【玩・做・學 STEAM 創客教室】
自己做機器人圖解實作書：
5 大類用途 X20 種機器人，從零開始成為
機器人創客

符合 108 課綱核心素養
科學 X 科技 X 工程 X 藝術 X 數學
做中玩，玩中學
培養創意思維、科學探索、邏輯思考
掌握關鍵能力，成為小小創客！

科學館 001

全家一起玩科學實驗遊戲 01：
50 個科學遊戲 × 六大生活素材，拉近孩子與科學的距離
유튜브보다 더 재미있는 과학 시리즈 01：엄마표 과학 놀이터

作　　　　者	韓知慧 (한지혜)、孔先明 (공선명)、趙昇珍 (조승진)、柳潤煥(류윤환)
譯　　　　者	賴毓棻
責 任 編 輯	鄒人郁
封 面 設 計	黃淑雅
內 頁 排 版	陳姿廷

出 版 發 行	采實文化事業股份有限公司
童 書 行 銷	張惠屏・侯宜廷
業 務 發 行	張世明・林踏欣・林坤蓉・王貞玉
國 際 版 權	鄒欣穎・施維真
印 務 採 購	曾玉霞・謝素琴
會 計 行 政	李韶婉・許俥瑀・張婕莛
法 律 顧 問	第一國際法律事務所　余淑杏律師
電 子 信 箱	acme@acmebook.com.tw
采 實 官 網	www.acmebook.com.tw
采實文化粉絲團	www.facebook.com/acmebook
采實童書粉絲團	www.facebook.com/acmestory

Ｉ　Ｓ　Ｂ　Ｎ	978-626-349-090-1
定　　　　價	340元
初 版 一 刷	2023年1月
劃 撥 帳 號	50148859
劃 撥 戶 名	采實文化事業股份有限公司
	104 台北市中山區南京東路二段95號9樓
	電話：02-2511-9798　傳真：02-2571-3298

國家圖書館出版品預行編目資料

全家一起玩科學實驗遊戲 . 1：50 個科學遊戲 X
六大生活素材,拉近孩子與科學的距離 / 韓知慧,
孔先明,趙昇珍,柳潤煥作；賴毓棻譯.-- 初版.--
臺北市：采實文化事業股份有限公司, 2023.01
　面；　公分 . -- (科學館系列；001)
譯自：유튜브보다 더 재미있는 과학 시리즈, 1：엄
마표 과학 놀이터
ISBN 978-626-349-090-1(平裝)

1.CST: 科學實驗 2.CST: 通俗作品
303.4　　　　　　　　　　　　111018374

線上讀者回函

立即掃描 QR Code 或輸入下方網址，連結采
實文化線上讀者回函，未來會不定期寄送書
訊、活動消息，並有機會免費參加抽獎活動。
https://bit.ly/37oKZEa

采實出版集團
ACME PUBLISHING GROUP